超圖解！
庭園造景施工大全

写真でわかる はじめての庭づくり

園藝屋 空庵／監修

審定序 李碧峰 理事長

值得您細看DIY學會庭園景觀的實務寶典

「庭園造景」是一門兼具景觀美感品質表現與環境自然生態永續共存的生活實用藝術，更是一項景觀工程。因此須憑藉由材料選用、規劃設計、施工營造、維護管理…各層面逐步做好工程品質管理、材料技術應用、美感品質表現，如此才能促使整體庭園造景的質量提升，進而展現造園景觀的精神內涵與庭園環境的意境氛圍。

個人從事景觀園藝的庭園造景工作已經有30多年了，因此長期以來也感受到這門庭園造景的工程特色具有：作業項目及種類繁多、工序及工法繁複瑣碎、施工標準兼有主觀與客觀性、風格靈活多變化…等。因此也了解這項大眾喜愛的庭園景觀工程對於實務經驗較欠缺的初學入門者或是一般社會大眾，總是讓人先有興高采烈的期盼追求、然而等到一旦實質入門從事工作之後，卻又會給人立刻察覺有許多的不明白、不了解之處，所以也就產生莫名的無力感，最終也就常常讓人望而怯步而不敢親近了。

然而，庭園景觀工程的良莠發展是事關一個都市城鄉環境，甚至是影響一個社會國家生活品質好壞的關鍵因素，所以提升景觀工程品質技術，自然是值得我們給予更大的關注與付出的方向，更是我們景觀專業者所不能漠視的責任。

因此當城邦文化麥浩斯出版社邀請我要為這部在日本暢銷的《庭園造景施工大全》翻譯著作進行審定出版時，我也認真地思考：這本書可以為我們的景觀環境帶來甚麼好處呢？我們國內有這樣的書嗎？這本書的工法技術可以被我們國人所借鏡參考嗎？這本書的內容值得我們去了解與學習嗎？

在我看了之後，這是一部淺顯易懂、實例簡明、工法細膩、技術務實的佳作，在審定這本書的數個月以來，我也戰戰競競的不敢懈乎！就深怕因為我的審定之良莠，會造成這本難得引進到台灣的實務巨著，有其不好的影響與結果。

由於台灣過去與日本的各項關係密切，並且在造園景觀技術領域的交流也持續密切，因此相關日本造園景觀工程的專業名詞或術語，實際上與台灣的慣用習性也有許多的相同之處，當然，也有許多不相同的地方，這些尤其是在經過翻譯之後，更會與國內經常慣用的名詞或稱呼不同，因此**個人在審定期間便多加考究其各項內容與日本及台灣的差**

異，並就書中內容的相關材料與工法之稱呼用語…等進行適當修正與編審，期望這本書可以為台灣地區景觀工程美質的提升有更實質有效的協助。

這本《庭園造景施工大全》翻譯著作，作者首先例舉了常見的庭園景觀「範例賞析」，藉此引領讀者感受各種庭園的風格特色，也希望大家可以毫不猶慮的親自快樂動手打造一個屬於自己的庭園景觀空間。

書中第一章則是介紹庭園景觀的各項施作工法，從砌磚工程、鋪面工程、草坪工程、圍籬工程、木棧平台工程、供給水工程、景觀水池工程，皆一一詳細介紹各項施作工法的流程步驟、工法技術、注意事項…等。

第二章，介紹各項庭園景觀的DIY實例作業分項圖解，包含：庭園基礎整地工程、泥作與混凝土澆灌作業、木工作業、塗裝作業等。因此這本書也可以說是巨細靡遺且毫不保留的全般呈現。

第三章庭園造景裝飾與植栽工程，更是將格柵運用、木作裝飾、磚塊運用、磁磚運用、植栽工程的植物配置、移植種植、整枝修剪、草花種植…予以分門別類的詳細介紹。

最後，也特別針對這本中文版所特別收錄的「庭園植物圖鑑」予以提供相關的推薦與建議；這些都是期望讀者藉由這個單元能夠開始認識植物、了解植物、體察植物，進而也能愛護樹木、好好運用植物，讓庭院成為植物的快樂天堂。

這本《庭園造景施工大全》豐富的內容已經涵蓋了台灣當代景觀園藝的趨勢走向，因此本書是難得一見的景觀園藝專業務實佳作！更是一本值得我們景觀園藝的玩家同好、業界伙伴、莘莘學子們，必須一窺究竟且能獲得正確技術認知的實用寶典。

《庭園造景施工大全》值得喜愛DIY從事庭園造景、花草植物、生活園藝、景觀專業、愛樹護樹…的各界人士來細心品鑑閱讀，其中不僅可以領閱庭園造景專業的重要觀念與技術知識，更能夠獲取學校無法教授而沒有教的事，因此《庭園造景施工大全》也是一本專業人士的成功秘笈。

這是一本我認真審定的書，也是我值得向大家推薦的好書！更是一本實用的庭園造景寶典！期待您細細的閱覽及品鑑！

中華民國景觀工程商業同業公會全國聯合會 理事長

李碧峰

自學庭園造景技術之最佳規範

推薦序 陳春木 裁判長

景觀工程（造園與景觀建築）是指在從事建築物、道路及公共設施之外的人為環境景觀與鄉野自然景觀的空間設計，以滿足人類的需求。

景觀工程因隨國家經濟建設、社會文化及教育演變而變化，可預知其工程品質、規模範圍、技術層面及發展速度，也從專業景觀到DIY的個人創意造景。

國內自我造景之學習資料極為短缺，特別是各項庭園景觀施作工法更是少之又少，作者以本身庭園景觀之專業完成本書，內容除植栽工程外，亦就各項設施，諸如地面工程之軟硬鋪面、植栽槽設施、木作工程、水景及景石等多加介紹，並輔予圖表詳細說明施工之工序及施作細節，使有心從事庭園景觀之專業人士多了可參考之技術規範，也使得即將進入庭園景觀之初學者，得以在最短時間內學習正確之施作工法，奠定各級庭園景觀施作之品質保證。

個人目前擔任國際技能競賽技術委員兼中華民國造園景觀職類裁判長乙職，正帶領我國造園景觀選手進軍國際，亦積極培植國內選手之造園技術，有感本書內容圖文並茂且充實，是專業之庭園景觀用書，本書將使學習者獲致無限豐碩之成果。

造園景觀國際裁判
中華民國造園景觀職類裁判長
大學景觀系兼任講師

陳春木

推薦序 張育森 教授

利用圖解，輕鬆學習庭園造景的專業知識

源於人們對於自然與植物的喜愛，每一個人的心中都有座「桃花源」，也期望在居家有限空間營造漂亮又實用的庭園。然而「庭園造景」終究是一門專業的知識和技術，從規劃設計、施工作業到管理維護，有著許多的環節需要考量；如能選對材料，用對地方，配合良好的施工技巧，可以讓庭園在有限的經費預算下，呈現優質景觀兼具實用的效果。

本書的特色就是將庭園造景複雜的施工程序和專業知識，利用簡易圖解的方式，深入淺出地讓讀者輕鬆瞭解，以利於日後需要時之有用參考。全書先介紹幾個庭園造景常見『實用範例』，並註記可能用到的工法或技巧的頁碼，便於讀者查閱。接著就是各種『施作工法』的圖解，分別介紹砌磚工程、鋪面工程、草坪工程、圍籬工程、木棧平台工程、供給水工程、景觀水池工程；依照工序圖解說明，清楚明瞭，連一般外行人也容易看懂。如果您喜歡自己動手做，接下來圖解『ＤＩＹ實例作業』就很實用，包含庭園基礎整地作業、庭園泥作與混凝土澆灌作業、庭園景觀木工作業、庭園景觀塗裝作業。然後是要增加庭園整體美感的『造景裝飾與植栽工程』，包括格柵運用、木作裝飾、磚塊運用、植栽工程；尤其在「植栽工程」方面有較詳細的介紹。

本書是從日文專書翻譯，鑒於日本大多處於溫帶環境，所選用植栽與地處熱帶、亞熱帶的台灣不盡相符，因此麥浩斯出版社的編輯部，和中文版審定者李碧峰理事長特別用心收錄—〈庭園植物圖鑑〉，將台灣適合的地被植物、草本花卉、觀葉植物、庭園灌木、庭園喬木、蔓藤植物、水生植物、球根花卉、多肉植物、香草植物等十類植物收錄，提供本地讀者更切合的參考與運用。

日本人的注重細節與敬業精神很值得國人學習，本書的內容雖為一般讀者而編寫，但個人覺得對國內景觀施工業者和景觀學界仍有很好的參考價值。期望在不久的將來，國內也能有這類專業又實用，且使用材料、工法和內容更符合台灣現況的推廣專書出版。是為序！

國立臺灣大學園藝暨景觀學系教授兼系主任
張育森

CONTENTS

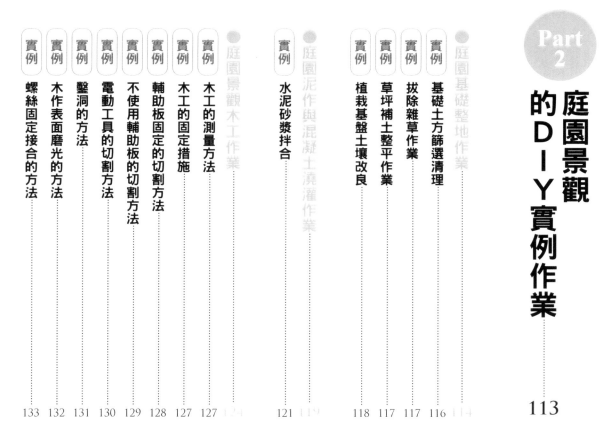

Part 2 庭園景觀的DIY實例作業 113

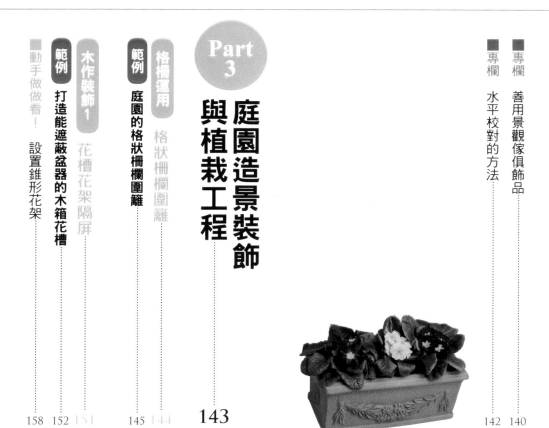

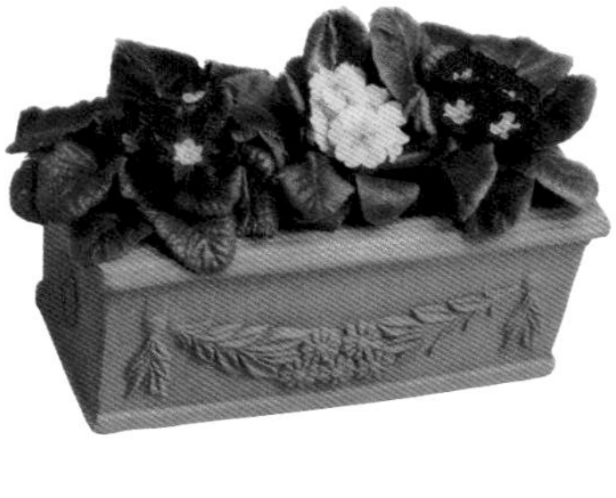

Part 3 庭園造景裝飾與植栽工程 143

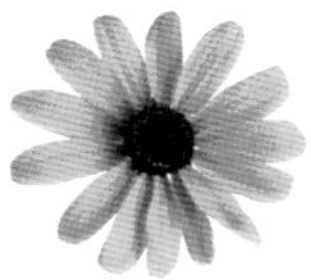

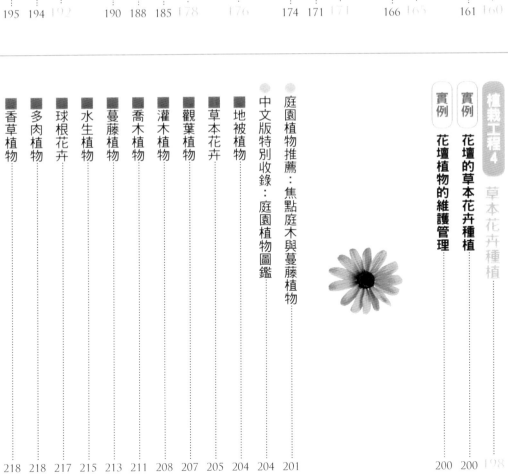

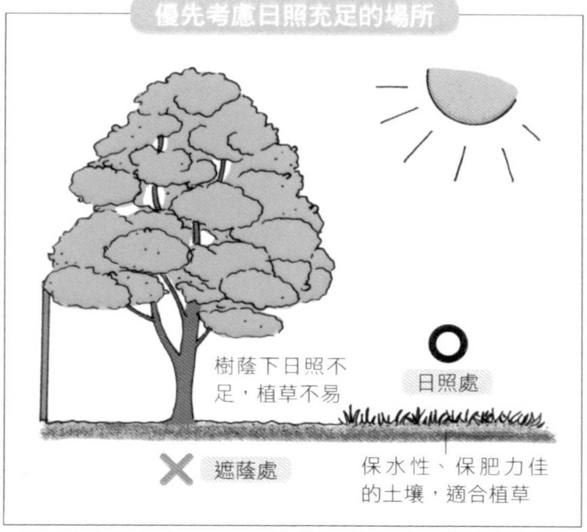
優先考慮日照充足的場所
樹蔭下日照不足，植草不易
日照處
遮蔭處
保水性、保肥力佳的土壤，適合植草

範例1

大面積鋪植草坪營造開放式庭園

一望無際的綠茵草坪庭園，是很多人憧憬的宜人景色。靜靜佇足欣賞就可以沉澱心靈。不僅能夠襯托庭園的花草及樹木，還兼具防塵、隔熱及日光反射、調節氣溫及濕度等多種功效。

層次分明的自然庭園，若客土鋪植草坪，還可避免土壤流失。

鋪植草坪→ P54

設置圍籬→ P144

有空隙的格柵圍籬通風良好，最適合玫瑰生長。也可作為庭園的背景，相當賞心悅目。

範例2

架設格柵圍籬 展現雅緻脫俗的庭園

打造庭園時，不妨先從庭園的圍界設施物，例如：圍籬、圍牆、綠籬開始著手，尤其在都市中，更需要在道路及鄰房分界處設置遮蔽物，想保護隱私可選擇具高度遮蔽性的磚牆或水泥牆，自然風格庭園則可使用網格花架或格柵圍籬等具有開放性的種類，這些都可根據庭園的使用目的挑選素材與設計。

根據使用目的決定圍籬的高度

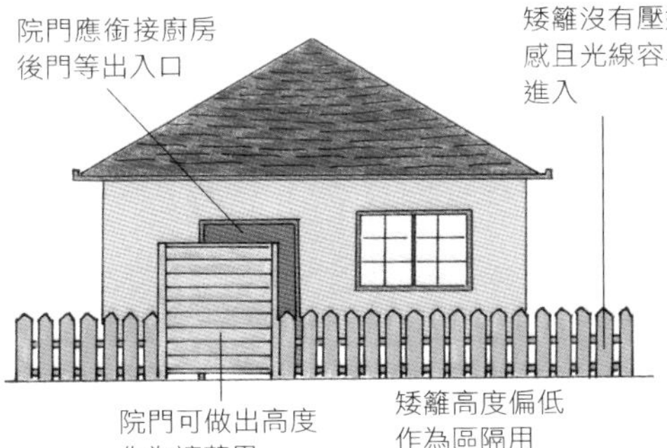
院門應銜接廚房
後門等出入口
矮籬沒有壓迫
感且光線容易
進入
院門可做出高度
作為遮蔽用
矮籬高度偏低
作為區隔用

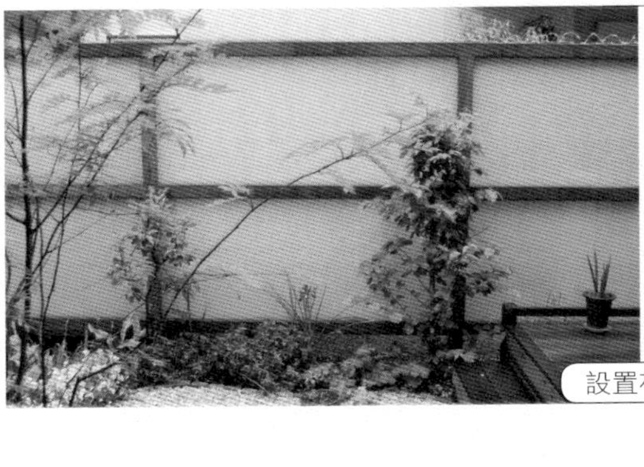

高度適中無壓迫感，可保護隱私的布製圍牆。可根據植栽種類風格，賦予庭園日式或西式的風情。

設置布製圍籬→ P70

範例3

活用鋪面變化 創造富韻律感的庭園

鋪設在步道路面上的裝飾材料稱為鋪面。鋪面可以運用在庭園及花圃用的小徑、大門通往玄關的迎賓走道、戶外休憩空間用的中庭。鋪面材料的種類及材質非常多樣，設計選用上應以安全性為第一考量，再根據庭園氣氛挑選適宜的質感、色彩與材質，並配合栽種植物修飾。

挑選符合庭園氣氛與環境的材料

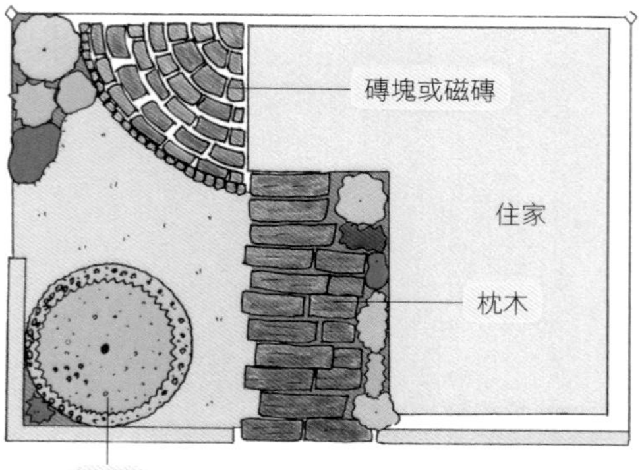

（宜置於不會照射到陽光、濕度高的地方，例如：樹下）

與兩旁花圃的花草自然融合的枕木小道，可一邊欣賞花草，一邊悠然自得地漫步其中。

鋪面→ P40

沿著庭園走道鋪設亂石片石板，能讓色彩鮮艷的三色堇更顯奪目。並因此藉由反覆交織的相同色彩展現韻律感。

庭園道路兩旁搭配薰衣草的芳香，配合蔓性植物攀爬的拱門與長凳，可以營造兼具實用與修飾功能性的焦點。

範例4

善用木棧板平台 打造愜意舒適的庭園

木棧板平台可以為庭園營造適合全家歡聚、欣賞花草的放鬆空間。打造愜意舒適的木棧平台，應選在遠離建物、獨立座落庭園中，且日照良好的場所。設計時也應一併考量與庭園整體的協調性，以及與建築物的連續性，如此才能改變庭園的氛圍。

打造木棧平台→ P88

木棧平台不會破壞庭園的氣氛，可設置在各種場所，如圖在磚牆前打造木棧平台，可營造和諧美感的休憩場所。

考量用途來進行規劃設計

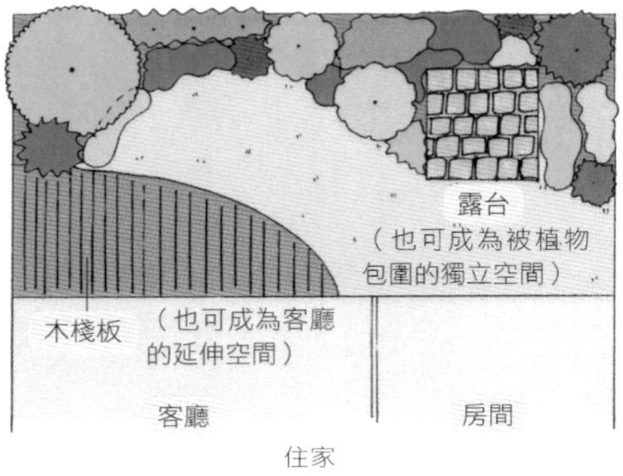
露台
（也可成為被植物包圍的獨立空間）
木棧板
（也可成為客廳的延伸空間）
客廳
房間
住家

用磚塊及砂石即可輕鬆打造露台，由於磚塊沒有用水泥砂漿固定，因此可自由變換設計，但是整地平順是作業要點。

磚塊鋪面→ P23

範例5

善用綠籬及竹垣 可彰顯日本和風的氛圍

綠籬是利用樹木組合種植而成的「綠色牆面」，主要可用作土地圍界區隔的圍牆或遮蔽、防風等使用。修剪整齊的綠籬可烘托建築物，演繹綠意盎然的美麗街景。綠籬常使用常綠樹種，但根據樹籬的形式，亦可選擇適合的植物，且必須了解植物的特性再行挑選。竹籬也是庭園背景不可或缺的造景方式，兼具有穿透及阻隔功能形式，款式設計也相當豐富。

綠籬的修剪→ P84

高度不同的齒葉冬青與小葉杜鵑搭配而成的雙層綠籬。使單調的石牆上妝點春意，而營造整體的立體感。

用棕櫚繩綁緊固定的四目籬。其可穿透看見另一側的穿透型竹籬，能夠將視線引導至內部，讓人更有深遠之感受。

打造綠籬→ P82

根據植物特性挑選綠籬的材料

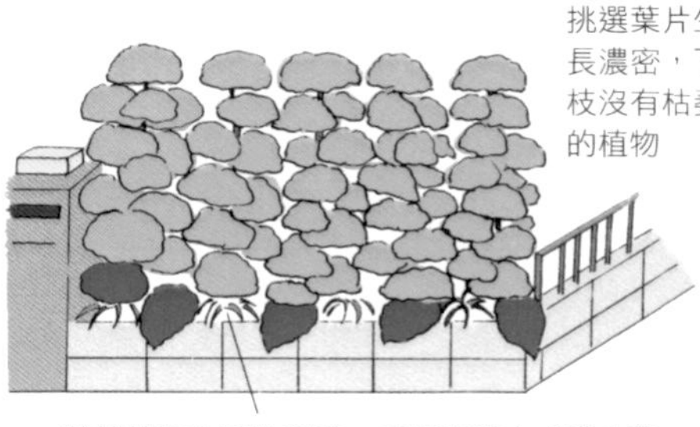
挑選葉片生長濃密，下枝沒有枯萎的植物
若植株下方過於稀疏，可種植灌木或灌木花叢遮飾。

景觀水景→ P104

池塘邊緣貼上自然石，周圍種滿多肉植物及玉簪，而且能夠從客廳窗戶眺望，整體強調和風雅韻的風情。

範例6

利用池塘增添庭園的自然風情

想要享受水景樂趣不妨就打造個池塘。池塘可以如同鏡子般映射出周圍風景，當水面隨風波動的模樣更能賦予庭園律動感，即可打造出饒富變化的庭園。池塘須根據庭園風格來設計，若是西式庭園可搭配圓形或直線等幾何線條型式池塘，日式庭園則可搭配不規則線條型式的自然風格池塘。

發揮水的多樣性效果之設計發想

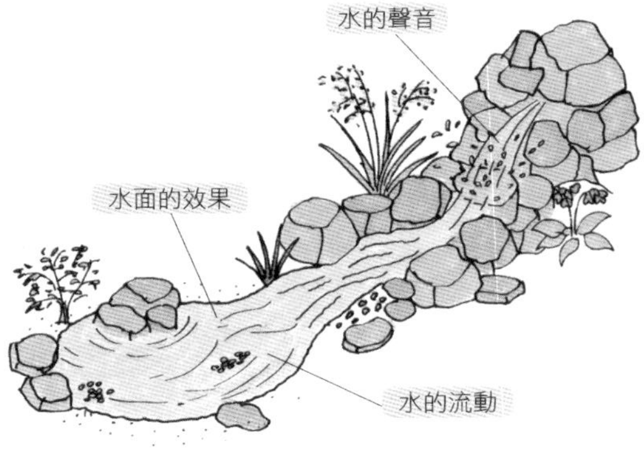
水的聲音
水面的效果
水的流動

水的效果　（享受水聲、水流、水波光影）

用防水布工法打造池塘→ P106

鋪上防水布打造成的小池塘。池內種植三白草這類生長在水邊的植物，即可創造蜻蜓樂於造訪的生態空間。

範例7

運用棚廊、拱門、錐型花架表現立體感的庭園

棚架是裝飾庭園的重要結構物。拱門可用來區隔空間，讓庭園看起來別具立體感。錐型花架是塔狀的網格花架，可用來誘引蔓性植物，增添視覺焦點。

草坪小徑上設置簡約樸素的拱門棚架，可形成框景效果，讓人凝望後方風景，替庭園營造空間感。

鐵線蓮攀爬其上的木製錐型花架。不會太佔空間，非常適合西式庭園。

架設錐型花架→P158

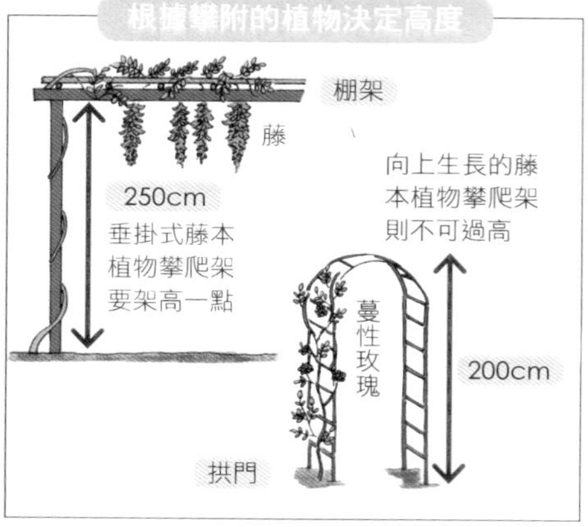
根據攀附的植物決定高度
棚架
藤
250cm
垂掛式藤本植物攀爬架要架高一點
向上生長的藤本植物攀爬架則不可過高
蔓性玫瑰
200cm
拱門

與網格花架同時設置的網格棚架。因為格子具有變化，故可搭配一旁的扇型網格花架，可以充分提供各種蔓性植物使用。

PART 1

庭園景觀的各項施作工法

基本的砌磚作業

庭園造景的材料中，最方便好用的就是磚塊。種類、大小、材質豐富多樣，請根據用途及預算價格，挑選最符合需求的款式。

用不同的磚塊砌作安排庭園空間，也饒富趣味與變化。

砌磚作業的重點

砌磚作業，指的是使用磚塊「疊砌」、「排列（鋪設）」、「貼合」的作業。

作業大致流程為：①用砂漿接合磚塊（也有不使用砂漿的做法）、②勾填縫、③清潔磚面。

即使是新手，只要熟記以下的基本原則，也可創作出饒富趣旨的作品。

●確實進行地基（基礎）製作

施工地點的地基（基礎），是支撐磚塊相當重要的部分。地基如果不夠穩固，會讓辛苦完成的工作成品傾倒崩塌（→P20）。

●事先計算必要的材料

作業過程中若材料不足會讓作業中斷，也會影響到其他的後續工作。故應事先在設計圖上，計算好磚塊等材料及數量。

●磚塊使用前先泡水

磚塊充分的泡水，可提高磚塊的吸水性以提高砂漿的黏著力。

●砂漿調製適當用量

調好的砂漿置放一段時間會變硬無法使用，這點須特別留意，因此應適量調製（→P120）。

●清理乾淨

砌磚作業完成後就算有點失敗，只要將磚面清理乾淨，也可讓失敗的成品顯得別具風味。

●利用勾填縫增添風味的要點

勾縫填縫較寬：具有休閒、自然、樸實、手作感。

勾縫填縫較窄：具有古典、俐落的整潔感。

磚塊的種類與特徵

磚塊可大致區分為「砌牆磚」及「鋪面磚」。一般來說，較薄的磚塊會用作鋪面，具厚度、其中一面有溝槽、有挖洞供鋼筋穿過的，則是用來疊砌用的磚塊。

種類可區分為「普通磚」、「窯變磚塊」、「耐火磚」、「古典風格磚」。尺寸也非常多，應仔細確認使用目的再行挑選。

建材行等商家有販售各式磚塊。

普通磚

紅磚

是古典及傳統建築常用的基本磚材，價格實惠且容易購買取得。
尺寸約 W210×D100×H60mm。

砌牆磚

是磚面上有凹槽可供疊砌磚牆時，把砂漿滿滿地填入溝槽，藉此增加強度。也有古典風格製品。
尺寸約 W210×D100×H60mm。

空心磚

是建築物常用的砌牆用磚。可供鋼筋穿插銜接或灌入水泥漿料固定洞孔。
尺寸約 W400×D200×H200mm。

陶磚

是具沉穩韻味的陶土質感磚塊。適用於玄關通道及廣場。
尺寸約 W230×D115×H40mm。

窯變磚

具有良好的強度，適合停車場等需耐荷重的地面使用。
尺寸約 W200×D200×H60mm。

耐火磚

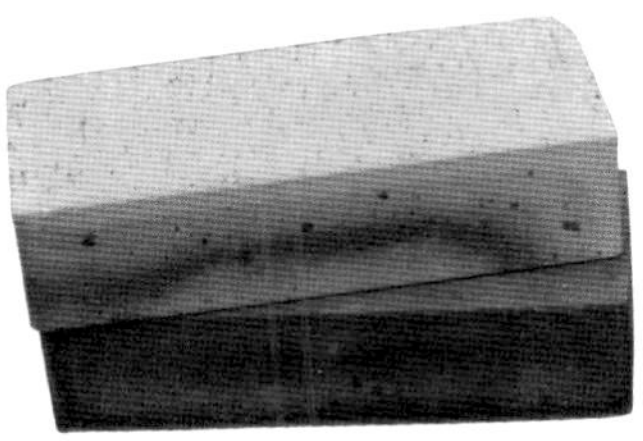

這是燒製溫度很高的製品。強度高但吸水性差，適合用來建造烤肉爐灶、磚窯等。
尺寸約 W230×D115×H60mm。

古典風格磚

其成型後刻意毀損使其有不完美感，藉此營造古典風韻的磚塊。有各種大小，顏色也很豐富。
尺寸約 W210×D100×H50mm。

範例

磚塊鋪砌

砌磚作業的基礎準備工作，是砌磚作業中相當重要的一環，若不小心謹慎地處理，會造成日後砌磚成品的傾倒或歪斜，讓精心打造的成果毀於一旦。在此除了介紹一般的基礎準備工作外，也會說明不同作法及設置地點的省時作業方式。

完成圖

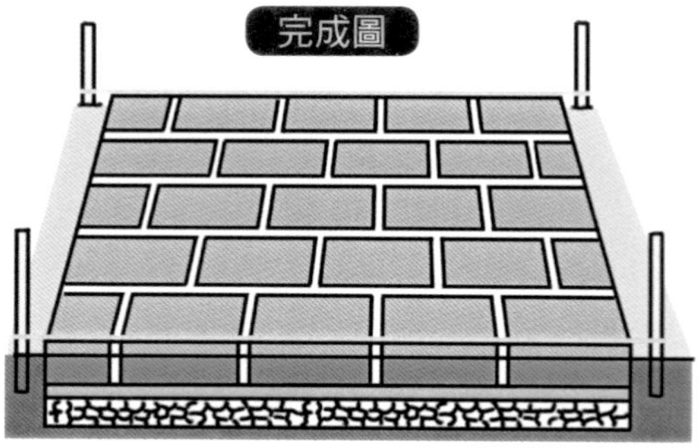

作業流程

1. 施工地點的測量放樣
2. 磚塊、砂漿調製的準備工作
3. 製作基礎地坪
4. 完成

使用的工具

- 量測工具：水準器、水線、捲尺、米尺。
- 整地工具：鋤頭、圓鍬、平鏟、手鏟、滾輪器。
- 拌漿工具：鏟子、拌土桶、水桶。
- 疊砌工具：各式鏝刀、承土板。
- 清潔工具：刷子、海綿、水桶。
- 夯實工具：榔頭、原木樁、自製替代工具。

使用的材料

- 磚塊、河砂、水泥、碎石（路基材料）或級配（含有碎石及土壤的基礎材料）。

1 基礎準備工作

❶ 施工地點的測量放樣

在砌磚施工地點進行整地，用水線（細尼龍材質或棉質）製作記號。

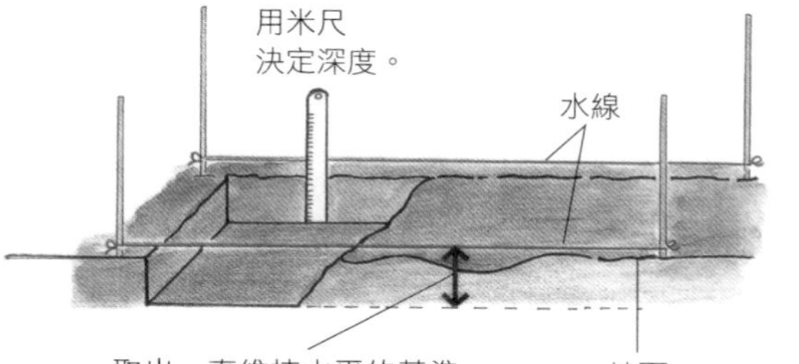
用米尺
決定深度。
水線
取出一直維持水平的基準線，一邊測量一邊挖掘。
地面

POINT

水線在挖好溝槽後，還會用來作為磚塊的水平依據（磚面的高度），因此暫時不要拆除。

❷ 製作基礎部分

在❶的位置用鋤頭等工具挖出溝槽，鋪上路基材料後灌入砂漿製作地基。亦可根據砌磚作業的設計要求，也可不使用水泥砂漿。若沒有使用水泥砂漿，可在路基材料上面覆蓋河砂，施以鎮壓作用。

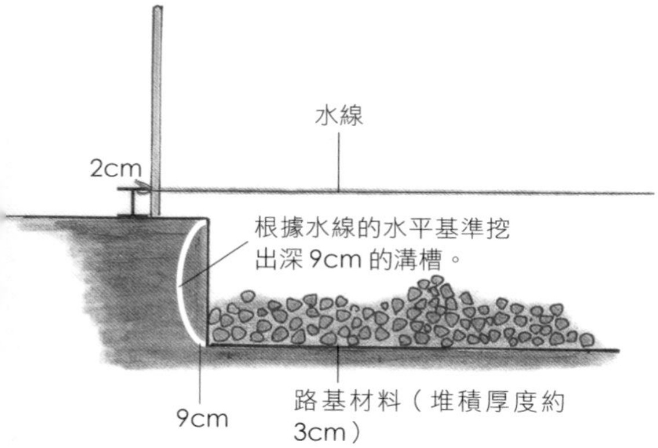
水線
2cm
根據水線的水平基準挖出深 9cm 的溝槽。
9cm
路基材料（堆積厚度約 3cm）

❸ 完成基礎部分

用夯實工具將鋪好的地基材料壓平固定。

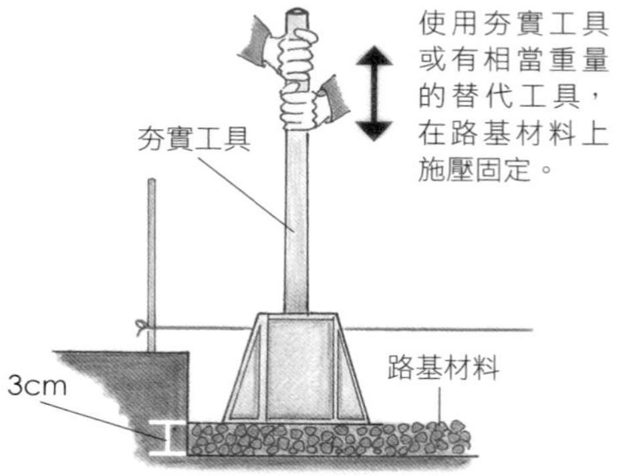
使用夯實工具或有相當重量的替代工具，在路基材料上施壓固定。
夯實工具
路基材料
3cm

2 磚塊、水泥砂漿調製的準備工作

❶ 磚塊材料浸泡水中

把磚塊浸泡在水中。

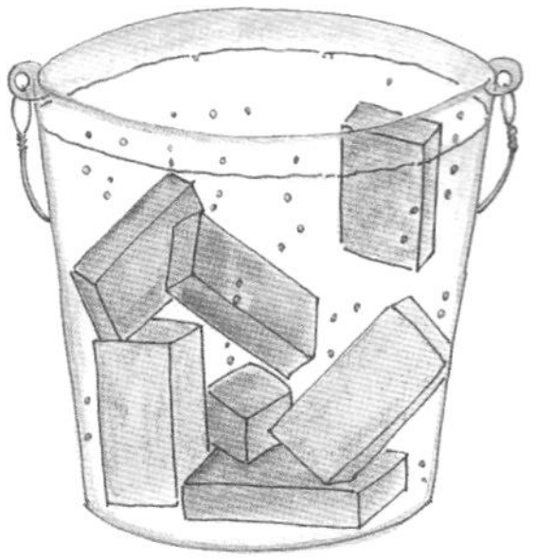

磚塊先充分浸泡在水桶裡，即可取出備用。

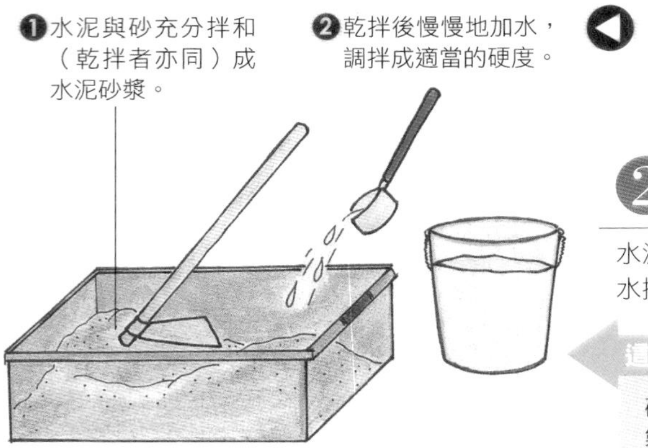
❶水泥與砂充分拌和（乾拌者亦同）成水泥砂漿。
❷乾拌後慢慢地加水，調拌成適當的硬度。

❷ 調製水泥砂漿備用

水泥與河砂調和（水泥 1：河砂 3），然後加水攪拌（硬度約為耳垂的硬度）。

這裡要注意！

砂漿容易變乾，因此需適量調製用量，不可大量製作存放。

3 製作基礎地坪

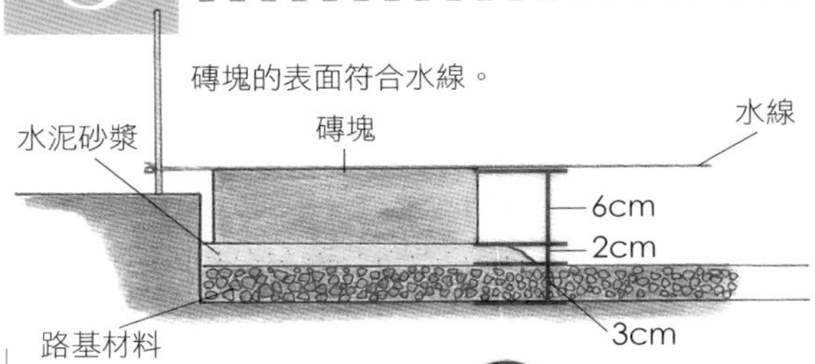
磚塊的表面符合水線。
水泥砂漿
磚塊
水線
6cm
2cm
3cm
路基材料

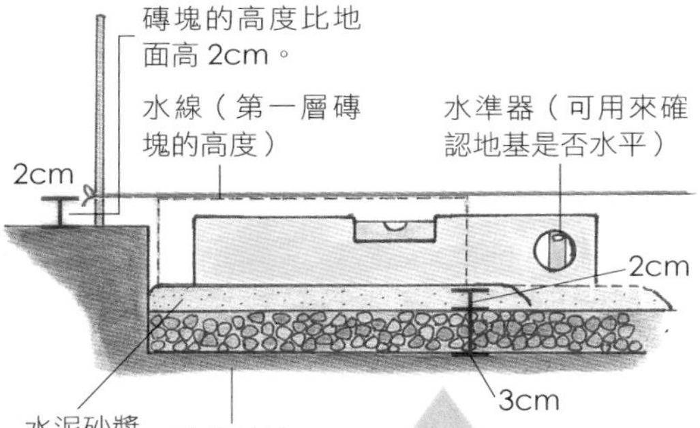
磚塊的高度比地面高 2cm。
水線（第一層磚塊的高度）
水準器（可用來確認地基是否水平）
2cm
2cm
3cm
水泥砂漿
路基材料

❶ 決定第一層磚塊的高度

用水線決定作為地基的第一層磚塊高度（本例是高出地面 2cm 的位置）。

這裡要注意！

第一層是重要的地基，務必用水準器使其符合水平。

❷ 砌作第一層磚塊

在基礎路基材料上鋪上攪拌好的水泥砂漿，然後設置第一層磚塊。此時，磚塊的表面須符合❶的水線水平。

※ 排列磚塊的作業，也可不用水泥砂漿。

POINT

磚塊數量較多時，不要一口氣鋪上所有砂漿，一次只需砌作幾層磚塊的量即可。

4 鋪砌完成

比地面高 2cm 的地基完成了。

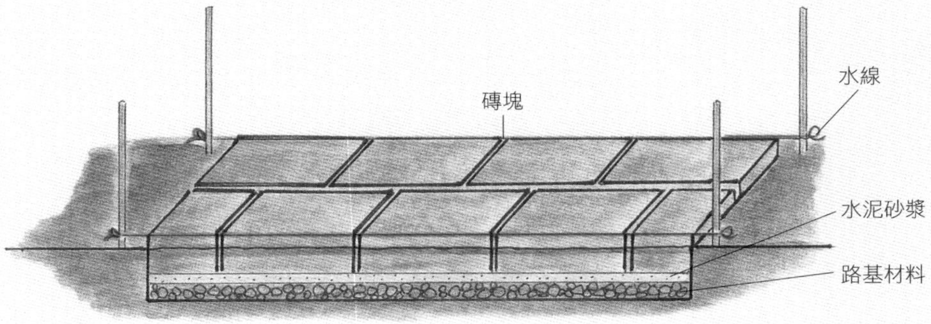
磚塊
水線
水泥砂漿
路基材料

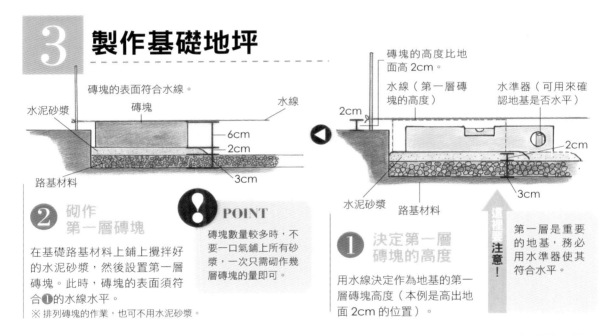

動手做做看！！

砌磚作業的練習

～排列磚塊～

簡單排列磚塊，進行裝飾花圃邊緣的收邊緣石排磚作業。因為不需要水泥砂漿也可完成，不妨動手練習抓出水平、排列疊放等砌磚作業。
在此介紹排列磚塊的作業。由於不使用水泥砂漿，因此確實地將磚塊壓實固定是重點所在。

❶ 決定施作的地點，並測量放樣

首先清掉施工現場不需要的資材與植物。接著標記出欲施作的花圃範圍，然後測量尺寸及放樣，再根據測量的尺寸算出磚塊數量備用。

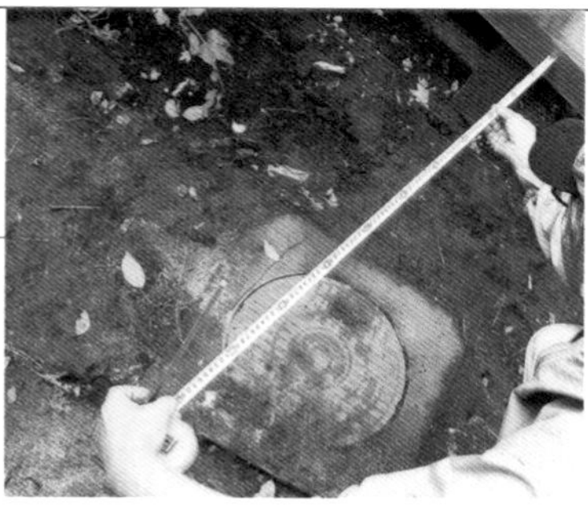

❷ 在磚塊排列地點用木樁做記號

在轉折處打樁，掌握出花圃的整體樣貌。

❸ 調整固定水線，決定排磚高度

決定磚塊凸出地表的高度，一邊放樣出水平線，一邊調整固定水線。

❹ 挖掘排磚溝槽，放置排列磚塊

用小鏟在做記號的地方挖出溝槽，並放置排列磚塊。

❺ 固定磚塊

為了固定設置好的磚塊，在磚塊的兩側回填土方，再使用榔頭等有一定重量的工具，即可輕易壓實。

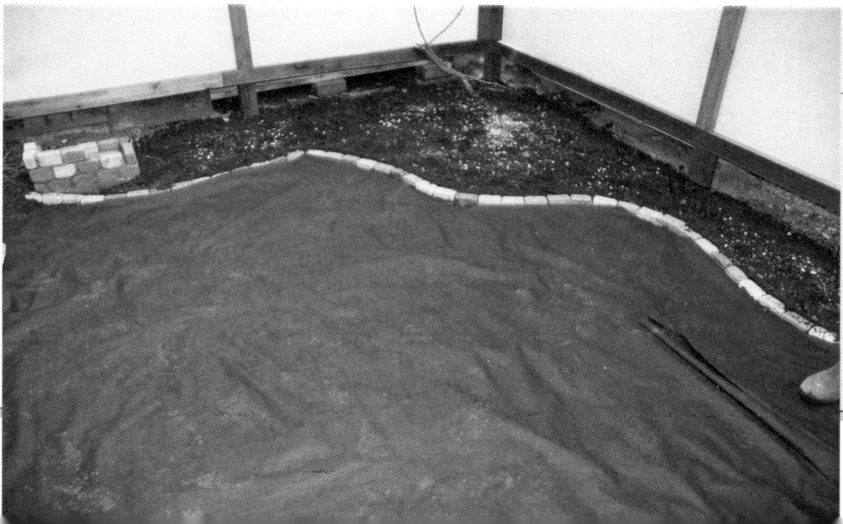

❻ 完成

磚塊排放固定好後，再用掃帚或刷子清理乾淨就完成了。

磚塊鋪面

根據磚塊的鋪設方法，享受各式圖案帶來的樂趣吧！不僅可襯托植栽，還可打造嶄新空間。

磚塊鋪設重點

磚塊在製作過程中會經過窯燒，因此尺寸多少會有差異。所以處理灰縫或打造地基時，必須要注意避免出現過大的縫隙。

●兩種施工方法

除了根據地點、寬度及用途區分，也有不用砂漿的「砂石填縫法」（又稱為：軟鋪法），以及使用砂漿的「砂漿填縫法」（又稱為：硬鋪法）。

■**砂石填縫法**：基礎工程沒有使用砂漿，而是用砂石來打底或填縫。要恢復地面原貌也很簡單，短時間即可完成作業。

■**砂漿填縫法**：從基礎部分就使用砂漿。一般大多是使用砂漿來打底及填縫，其中也分為：使用砂石與水泥調和的乾拌砂漿或濕拌砂漿兩種砌法。

磚塊鋪設的基本圖案

磚塊的鋪設方式雖然沒有特別要求，不過自古流傳幾種深受大眾喜愛的圖案。可參考本頁的插圖及相片型式，在鋪設地點混搭兩種圖案，或是應用基本圖案鋪設出饒富個性的磚塊圖案。

●磚塊鋪設的基本圖案

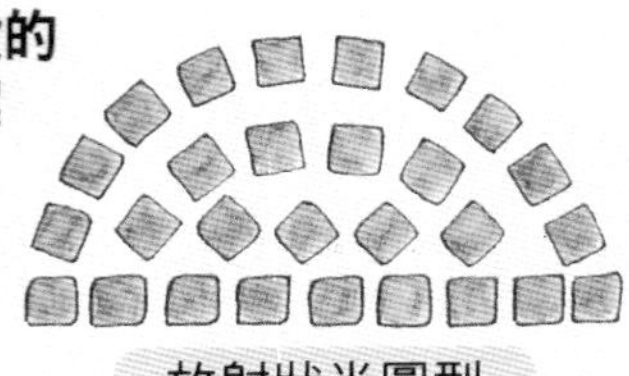
放射狀半圓型

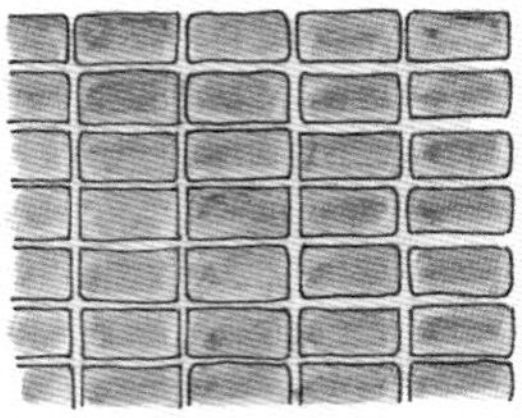
撲克牌型

風車型

工字

籃球紋

人字

範例

花園水槽踏腳處的磚塊鋪面

用水處周圍的踏腳處如果有土，容易把雙腳弄髒，如果就這樣走動，會弄得到處髒兮兮。本範例將試著使用輕鬆簡易的砂石填縫法在踏腳處鋪設磚塊。

作業流程

1 基礎準備工作
2 鋪設磚塊
3 鋪面清潔

使用的工具

- ●量測工具：捲尺、水準器、水線
- ●作業工具：鏟子、手鏟
- ●清潔工具：刷子、海綿、榔頭

砌磚作業的必要材料

- ●磚塊、河砂

完成圖

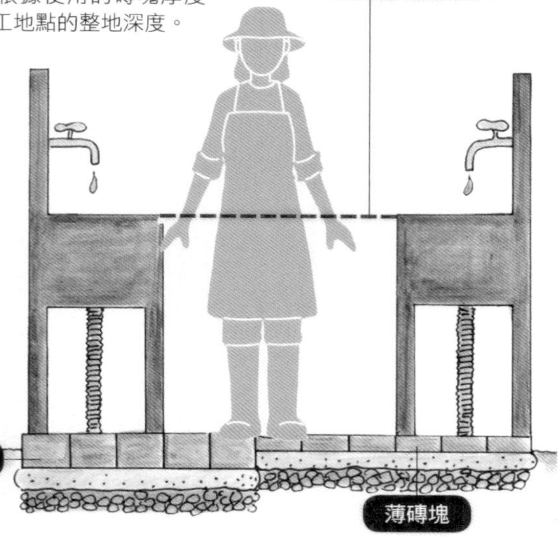
水槽上部與使用者的腰部等高，藉此算出基礎表面的位置。請注意需根據使用的磚塊厚度，改變施工地點的整地深度。
最符合自己需求的水槽高度
厚磚塊
薄磚塊

1 基礎準備工作

1 整地作業

磚塊鋪設地點的深度盡可能一致，挖掘的深度約為磚塊厚度＋路基材料厚度＋砂石厚度。

專家的建議

如果水無處排除就會導致積水，尤其是基礎工程有使用砂漿時，更須格外留意排水問題並避免阻塞排水，也別忘了考慮水流方向的洩水坡度要量測做好。

●花園水槽踏腳處

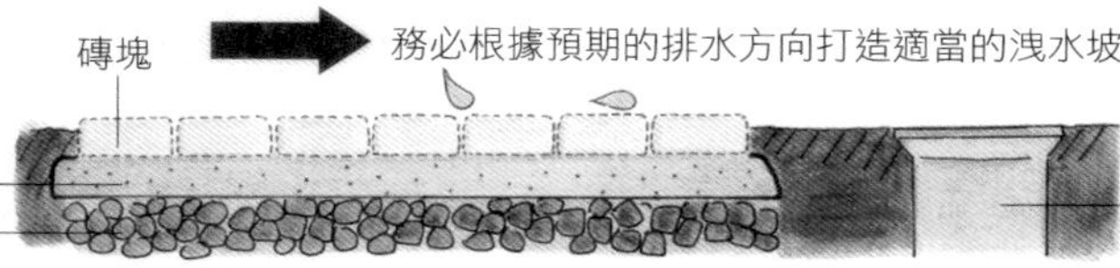
磚塊
務必根據預期的排水方向打造適當的洩水坡度。
砂漿
基礎材料
排水陰井
排水溝

❷ 基礎打底

用鏟子在整地完成處鋪滿河砂（本例使用的磚塊數量較少，鋪設地點也較硬，因此不使用碎石級配基礎材料，只鋪設河砂）。

❸ 整地平順

把河砂整地平順，測量水平，並確認預設的深度，用砂客填進行微調。

2 鋪設磚塊

❶ 鋪設磚塊

從角落開始鋪設，並保持水平地依序鋪設磚塊。

❷ 完成處理

在磚縫填入細砂固定磚塊避免位移。另外，為了讓磚塊表面的凹凸一致，可用橡膠槌或鏟柄輕敲調整（若凹凸不平，容易囤積汙水或垃圾）。

POINT

基礎使用河砂，會比土和砂礫更容易整平，但費用相對較高。施工地點不大時，使用砂石會比較容易施工。

3 鋪面清潔

用掃帚、海綿或刷子等工具清除磚塊表面的髒汙就完成了。

磚塊砌作

藉由向上疊砌磚塊，實現具立體感的空間表現，這也是一項必須全身貫注的作業。

疊砌磚塊的重點

疊砌磚塊的作業與鋪設磚塊的作業相比，需要更多泥作施工的技術。接著需要縝密地計畫、確實地進行基礎作業、以及耐心的垂直疊砌作業。

●確實製作基礎部分

堆疊好的磚塊一旦傾斜倒塌，就會相當危險。磚塊正確保持水平地疊砌相當重要，因此應該將基礎作業確實做好。

●與地面保持垂直疊砌

應隨時留意避免建造物傾斜，因此須保持垂直地疊砌磚塊。砂漿過多也會改變水平，這點須格外留意。

●相互交錯疊砌（交丁），讓磚縫錯位

相互交錯疊砌磚塊又稱為「交丁」或「順砌」，不僅能提升裝飾美感，還可增加磚砌構造強度。

●磚塊的基本砌法

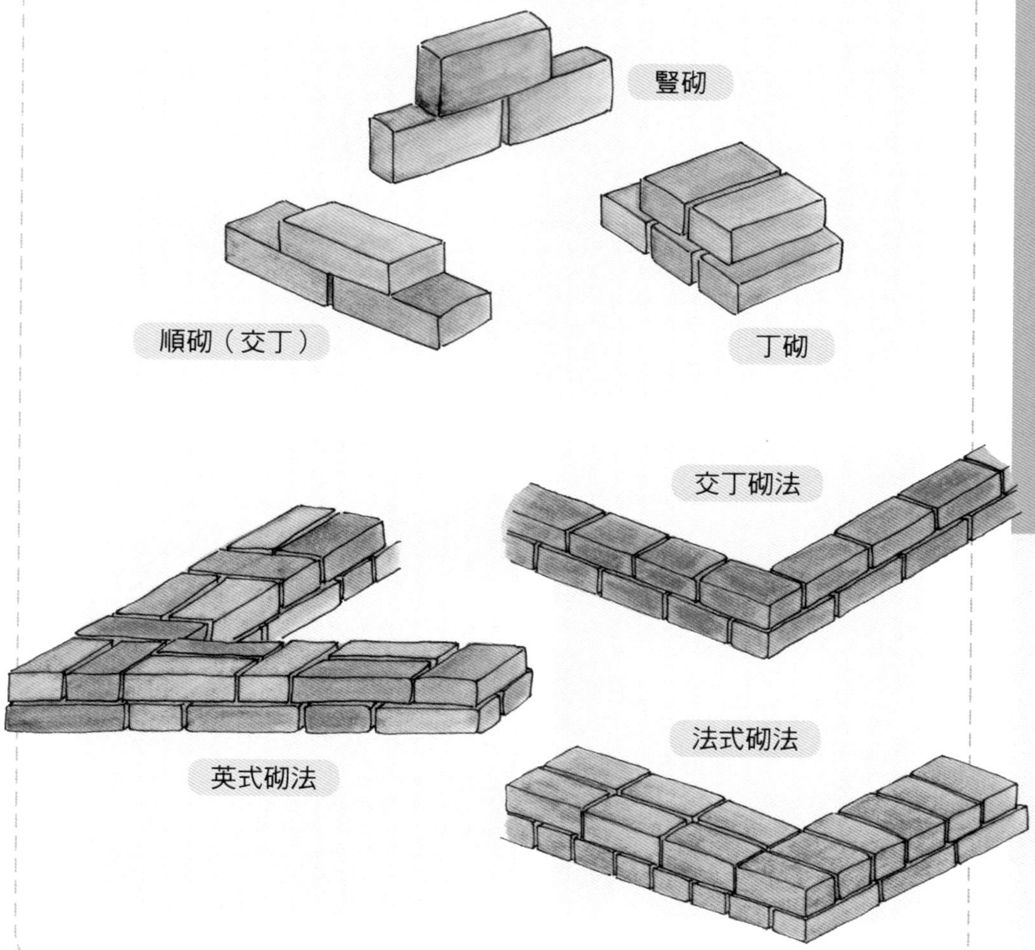
豎砌
順砌（交丁）
丁砌
交丁砌法
英式砌法
法式砌法

範例 用磚塊打造牆面

疊砌磚牆作為空間區隔。低矮磚牆可使用普通磚，較高磚牆可使用供鋼筋穿過之洞孔的中空紅磚來施工。

作業的流程

1 事前準備基礎工程
2 砂漿鋪鏝底層
3 磚豎面塗鏝砂漿
4 疊砌磚塊
5 勾縫修飾
6 清潔善後
7 砌作完成

完成圖

使用的工具

- 量測工具：捲尺、木工角尺、水準器、水線
- 拌漿工具：鏟子、手鏟、水桶或拌土桶
- 疊砌工具：勾縫鏝刀、桃形鏝刀、鏝刀
- 清潔工具：刷子、海綿、水桶、水杓

使用的材料

- 磚塊、河砂、水泥

1 事前準備基礎工程

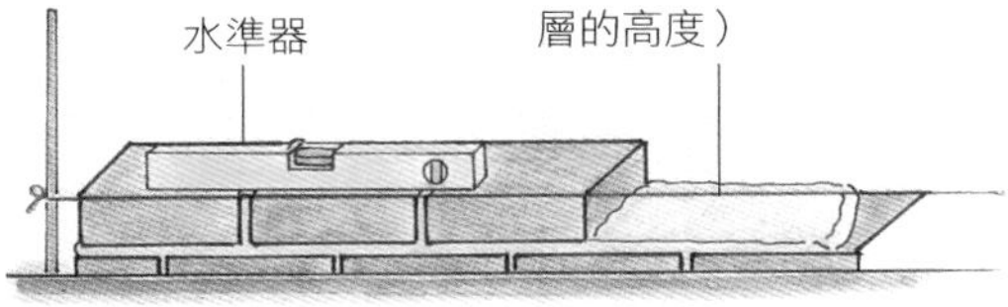

1 砌置第一層

根據水線位置放磚塊，確認是否水平。

這個很方便

利用鐵絲安裝水線，方便彈性調整磚塊高度。

2 決定水平面

將水線設置在磚塊上，用水準器決定水平面。

3 調拌磚縫砂漿

水泥先與河砂調和（水泥 1：河砂 3），再加水攪拌為適當的乾濕度。

2 砂漿鋪鏝底層

❶ 在磚塊疊砌位置塗鏝砂漿

在準備疊砌的兩塊磚塊上塗鏝砂漿。若是使用普通磚（沒有溝槽的磚塊），就無須整面塗滿水泥。

❷ 擺放磚塊

為了讓砂漿與磚塊緊實黏合，擺放磚塊時應略為施壓。

●磚塊鋪上砂漿後的斷面圖

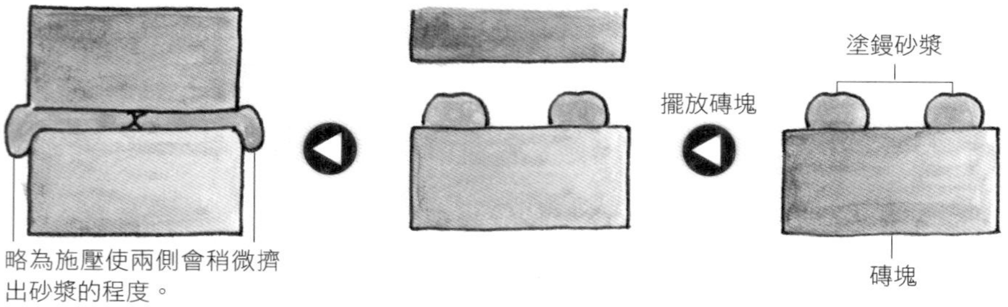

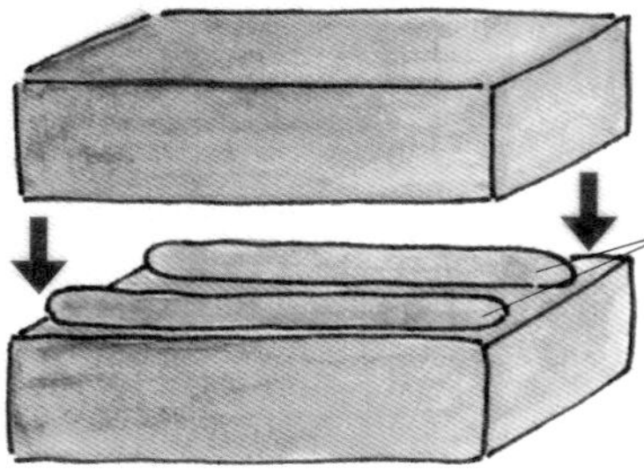

塗鏝兩條呈棒狀的砂漿（此法比只在正中間塗一條的作法更容易維持水平，也更穩固）。

3 磚豎面塗鏝砂漿

❶ 磚塊其中一面的邊緣塗上砂漿

用鏝刀在磚塊其中一面的邊緣 1/4 處塗上砂漿。

❷ 對側邊緣也塗鏝砂漿

同一面的對側邊緣，也塗上與 ❶ 等量的砂漿（請參照插圖所示）。

❸ 擺放磚塊

根據灰縫厚度擺放磚塊，砂漿溢出部分事先刮除，可讓作業更快速。

4 疊砌磚塊

① 疊砌磚塊

重複基本作業，往上擺放疊砌磚塊。

POINT

疊砌時從兩邊開始進行，磚塊若設置水線，可偶爾不使用水準器，讓作業更輕鬆。

② 作業時的微調

磚塊高出水線時，可用鏝刀刀柄輕輕敲打來調整高度及水平度。

③ 處理多餘砂漿

從磚塊邊緣溢出的多餘砂漿，用鏝刀趁砂漿尚未硬化時刮除。

這裡要注意！

砂漿在疊砌過程中，大約 30 分鐘就會呈現半乾狀態，再置放一段時間會凝固取不下來，須格外留意。

5 勾縫修飾

① 去除溢出的砂漿

從磚塊溢出的砂漿用勾縫鏝刀刮除。

② 壓實勾縫

磚縫部分用勾縫鏝刀壓實。

③ 壓實豎縫

同樣地，豎縫也仔細地壓實。

④ 壓實磚面勾縫

最後壓實磚塊頂面部分的勾縫。

6 清潔善後

① 用刷子清潔處理

用刷子把磚塊上的髒污水泥砂漿清除乾淨。

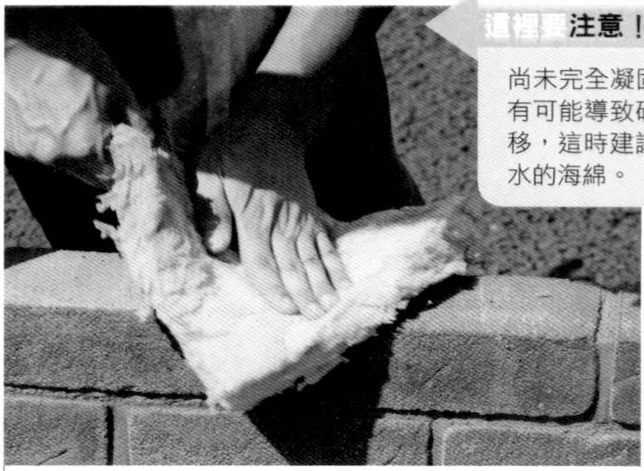

這裡要注意！

尚未完全凝固時沖洗，有可能導致砂漿滑動偏移，這時建議使用不含水的海綿。

② 用海綿清潔處理

用含水的海綿擦拭磚塊，把水泥砂漿擦乾淨。

7 砌作完成

範例

磚塊砌作拱門

在此，將介紹簡易製作拱門的實例。可應用在庭園的裝飾品、燈座、給水龍頭等處，請大家務必試著挑戰看看！

作業的流程

1 基礎準備工程
2 疊砌拱門中間部分
3 決定拱門的大小
4 切割磚塊
5 疊砌拱門中間部分完成
6 疊砌拱門邊框部分
7 疊砌拱門上緣彎曲部分
8 潤飾處理
9 拱門疊砌完成

完成圖

使用的工具
- 量測工具：捲尺、木工角尺、水準器、水線
- 拌漿工具：鏟子、手鏟、水桶或砂漿桶
- 疊砌工具：勾縫鏝刀、鏝刀、磚鑿、手拌板
- 清潔工具：刷子、海綿

使用的材料
- 磚塊、河砂、水泥、路基材料

1 基礎準備工程

用磚塊大小決定溝槽尺寸（事前擺放未黏合的磚塊確認尺寸）。

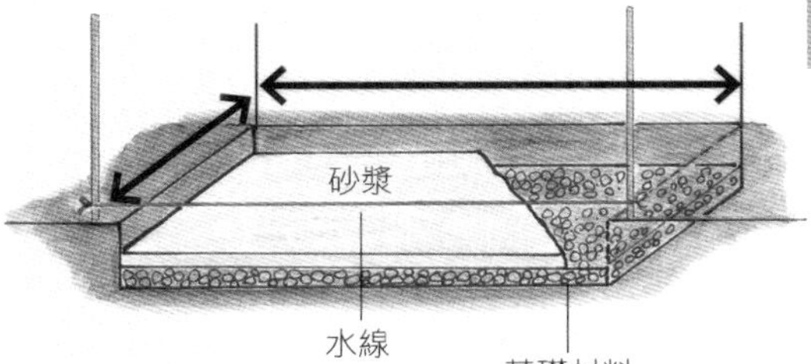

① 製作設置地點的基礎部分

挖出符合拱門製作範圍的溝槽，鋪設基礎材料，壓實固定後，鋪上砂漿。

② 鋪設第一層磚塊

在砂漿上鋪設事先用水浸泡過的磚塊，鋪設時預留磚縫間隙，抓出水平後將砂漿注入磚縫中。

專家的建議

因為是地基部分，所以作業過程中統一用水準器量測水平。

③ 一邊微調一邊排列地基的磚塊

一邊用鏝刀的刀柄敲打微調，一邊維持水平地排列地基部分的磚塊。

2 疊砌拱門中間部分

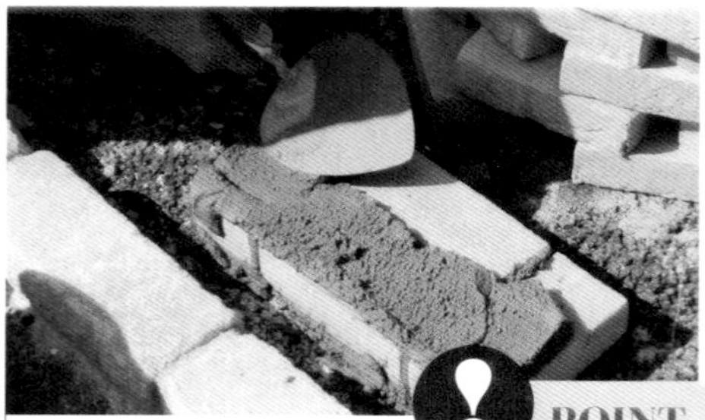

① 疊砌中間部分

水泥砂漿容易變乾，因此一次塗鏝１～２塊磚塊的量即可。

POINT
大型製作物建議使用水線量測水平，小型的則使用水準器。

② 疊放磚塊

趁水泥砂漿未乾時疊砌磚塊使其黏合。再考量視覺效果與安定性，疊砌磚塊相互交錯約半塊磚的位置，會使整體看起來較為美觀。

3 決定拱門的大小

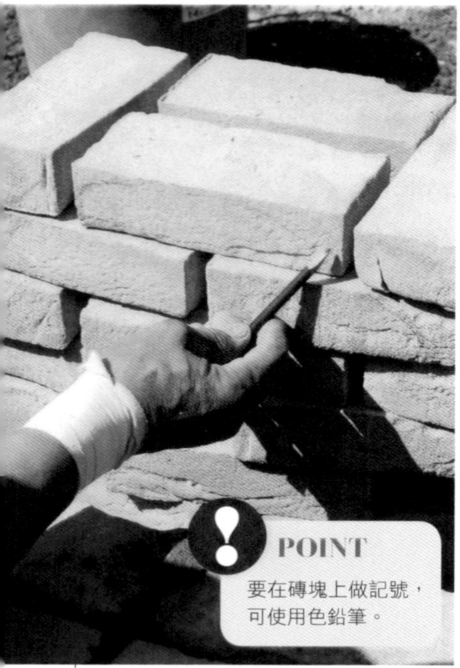

POINT
要在磚塊上做記號，可使用色鉛筆。

① 暫時擺放磚塊打造拱門部分的輪廓

中間部分的磚塊疊砌至整體約一半高度時，剩餘的一半可先試著把磚塊擺上去看看，以便檢視實際完成的高度。接著可在暫時擺放的磚塊上畫出拱門大小的輪廓。

4 切割磚塊

① 切割拱門部分的磚塊

切割配合拱門大小的磚塊。

5 疊砌拱門中間部分完成

① 疊砌磚塊

疊砌切割好的磚塊，完成拱門中間部分。

② 凹凸的處理

拱門凹凸不平的地方先用水泥砂漿弄平，之後疊砌裝飾用磚塊的作業會較為容易。

6 疊砌拱門邊框部分

1 在中間部分的兩側疊砌磚塊

在中間砌好的磚塊兩側疊砌裝飾用磚塊。

2 完成拱門邊框直線部分

齊頭進行兩側拱門邊框直線部分的疊砌作業，疊砌至拱門彎弧部分的下緣處。

專家的建議

要把曲線部分砌得好看，重點在於讓磚的縫隙寬度一致。製作曲線部分時，並非先完成其中一邊，而是右、左、右……地兩側齊頭並進疊砌，才能方便調整與維持縫隙寬度。

7 疊砌拱門上緣彎曲部分

1 塗鏝水泥砂漿

左右兩側交替塗鏝一塊磚塊量的水泥砂漿。

2 疊砌磚塊

趁水泥砂漿未乾時擺放疊砌磚塊。

3 勾縫作業

左右平均完成拱門上緣疊砌及勾縫作業。

8 潤飾處理

❶ 刮除表面砂漿

使用鏝刀把表面的水泥砂漿刮除乾淨。

❷ 清除多餘砂漿

清除中間及邊飾部分溢出的砂漿，並且仔細壓實勾縫。

專家的建議

砌磚作業若有使用水泥砂漿，在炎熱快速乾燥的夏季，砂漿一旦弄髒磚面會無法清除。尤其是白色磚塊或陶磚等，連水分都會變成污漬，因此須格外留意。

❸ 掃除多餘砂漿

使用掃帚或刷子將磚面上多餘的水泥砂漿清理乾淨。

❹ 擦拭清潔磚面

用濕海棉沾濕擦拭，清潔磚面。

9 拱門疊砌完成

動手做做看！！

切割磚塊的方法

根據設置地點的不同，難免會遇到磚塊尺寸不符的情況，此時可用磚鑿切割磚塊。

這裡要注意！

切割時，為了避免磚塊出現裂痕，請勿把磚塊直接放在混凝土或磁磚等硬物上，先襯個板子或砂袋再進行。

❶ 在切割位置做記號

切割記號，不要只做在磚塊的其中一面，而是整塊都要做記號。

❷ 先在切割位置製造刻痕

把磚鑿垂直立在記號線上，用榔頭慢慢敲打磚鑿，在磚塊 4 個面上事先製造刻痕。

❸ 用磚鑿敲打切割

敲出某種程度的刻痕後，把磚鑿對準刻痕後用榔頭用力敲打，即可鑿開磚塊。

POINT

磚塊可先用銳利的小碎石畫切割線，再用磚鎚輕輕敲就能切開。

範例

迷你磚塊砌作 隱藏排水陰井

庭園再怎麼美麗，排水陰井等處還是意外醒目。為了符合周遭花圃的氣氛，請設法隱藏起來！排水陰井的框架用混凝土就能打造，不須進行基礎工程，但須注意內側的排水蓋必須能夠打開。

完成圖

作業的流程

1. 事前準備工作
2. 砌作第一層
3. 疊砌第二層、第三層
4. 潤飾清潔
5. 砌作完成

使用的工具

- 量測工具：捲尺、木工角尺、水準器、水線
- 拌漿工具：鏟子、手鏟子、水桶或砂漿桶
- 疊砌工具：勾縫鏝刀、鏝刀、磚鑿、手拌板
- 清潔工具：刷子、海綿

使用的材料

- 迷你磚、河砂、水泥

1 事前準備工作

❶ 磚塊用水浸泡

把磚塊放入裝滿水的容器，浸泡到不會出現氣泡的程度。

❷ 清理砌作地點

垃圾會降低砂漿的接著力，請先用刷子把準備砌磚的排水陰井表面上的垃圾清乾淨。

❸ 攪拌砂漿備用

水泥與河砂調和（水泥 1：河砂 3），再加入水攪拌均勻、乾濕合適。

2 砌作第一層

1 塗抹砂漿

泡水過的磚塊塗抹水泥砂漿，然後用鏝刀輕壓，把水泥砂漿表面整平。這麼做能讓磚塊與水泥砂漿更容易固定。

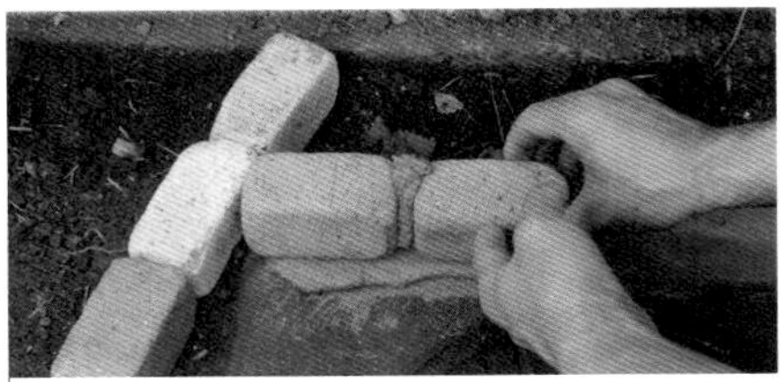

2 排列磚塊

基礎處鋪上 2 塊磚塊左右的水泥砂漿，然後排列磚塊。一塊磚塊擺好的同時，磚縫也隨之產生。此時，請用水準器確認水平。

3 疊砌第二層、第三層

1 塗抹砂漿

在第一層磚塊上塗抹水泥砂漿，用鏝刀按壓。

2 疊砌磚塊

擺放磚塊疊砌，一邊維持水平一邊用鏝刀柄輕輕敲打，調整及固定磚塊。

專家的建議

磚塊事先用水浸泡是要讓磚塊內部徹底濕潤，否則砂漿的水分會被磚塊吸收，降低黏著力。

4 潤飾清潔

1 去除多餘砂漿

用鏝刀去除多餘的砂漿，把磚縫的水泥砂漿弄平整。

2 潤飾接縫處

多餘的水泥砂漿用刷子刷除，再用濕海綿擦拭接縫處及磚面。

5 砌作完成

動手做做看！！

磚面填縫的清潔

磚塊終日暴露屋外歷經風吹雨淋，髒污會變得相當明顯。雖然也能替磚塊營造特殊韻味，但是磚縫因砂漿不平順的緣故，會看起來特別髒。另外，爬牆虎等植物的根系若深入磚縫也會更顯髒亂。因此請運用不同的刷子，細心地清理乾淨。

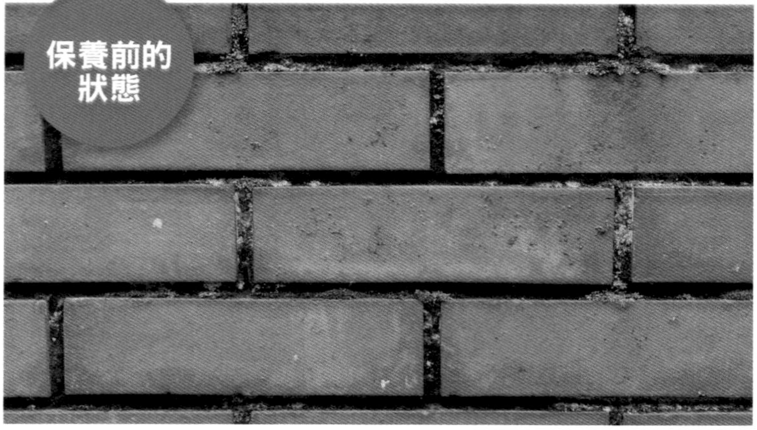
保養前的狀態

使用的刷子

- 鋼刷（左）：清理磚縫用。但是用在磚塊表面容易刮傷磚塊，須留意。
- 鬃毛刷（右）：清除磚塊表面的髒污時使用。

1 清除磚塊表面的汙垢

磚塊表面灑些水，用鬃毛刷清除污垢。

2 清除磚縫汙垢

用鋼刷清除磚縫內的汙垢。

清理後的成果

3 用水沖洗

用水沖洗磚塊表面及磚縫附著的垃圾，即可完成清潔工作。

動手做做看！！

局部貼砌文化石

文化石外觀類似磚塊，而且用接著劑就能施作。在磚牆或變髒的混凝土牆面上，試著像作畫般地黏貼文化石，使其煥然一新！若想組合多種顏色需要高度的技巧，建議一開始先嘗試同色系的搭配。

① 清理貼砌壁面

髒污會降低接著劑的黏性，請用刷子先把牆面上的灰塵及垃圾清除。

② 決定文化石的黏貼位置

用木工角尺決定基準線，依此定出整體的黏貼位置。

工具材料

- ●文化石 ●木工角尺
- ●水準器 ●鬃毛刷
- ●專用黏著劑
- ●黏著劑刮板

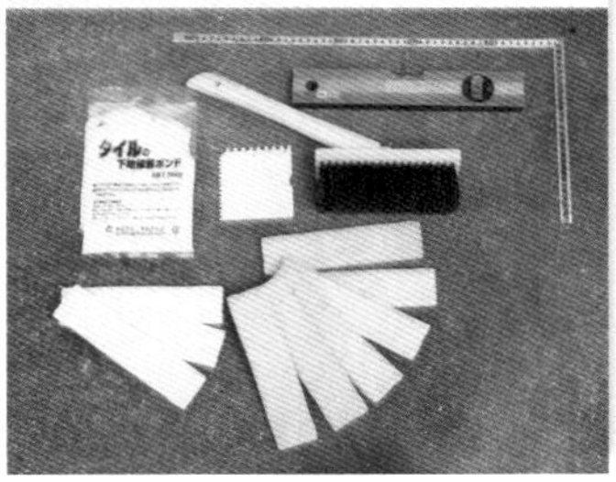

③ 將黏著劑塗抹在黏貼處上

在黏貼位置塗抹磚塊專用黏著劑。可使用刮板讓作業更容易。

POINT

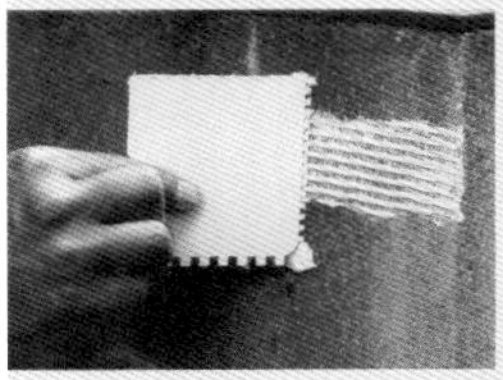

黏著劑塗太多會不容易乾燥，磚塊就不容易固定，請避免過量。另外，利用刮板讓黏著劑的厚度平均分布；若厚度不均，表面會凹凸不平影響完成後的視覺美觀。

④ 覆蓋磚塊

黏貼前先簡單定出磚縫的間距位置與色彩平衡性，然後從基準線開始黏貼磚塊。

⑤ 貼砌完成

鋪面工程

石材與磚材鋪面

把地面當作畫布，
用磚塊、石材、磁磚美化鋪面，
演繹出舒適宜人的戶外空間。

露台因鋪面展現截然不同的空間氛圍。

何謂鋪面

鋪面意指「鋪裝」，也就是用磚塊、磁磚、混凝土、枕木、石頭等材料，鋪設在通道、庭院、露台等處，同時兼具裝飾效果。

地面加以設計做成鋪面，下雨就不會滿地泥濘，還可減少雜草叢生的困擾。

鋪面的施作重點

①根據鋪面地點挑選材料

運用砂礫、卵石、枕木作為道路鋪面，透過材料設計可以誘導人的視線及動線。

聚餐喝茶用的休憩露台，鋪面應避免使用過多材料，以免使空間顯得不夠沉穩。

一般而言，磚塊、磁磚鋪面，視覺上會顯得堅實，可予人安定感；砂

●鋪面的施作重點

簡潔的露台鋪面

露台主要是作為休憩空間，與其使用細緻的鋪面，建議可選擇大磁磚且種類單純化。

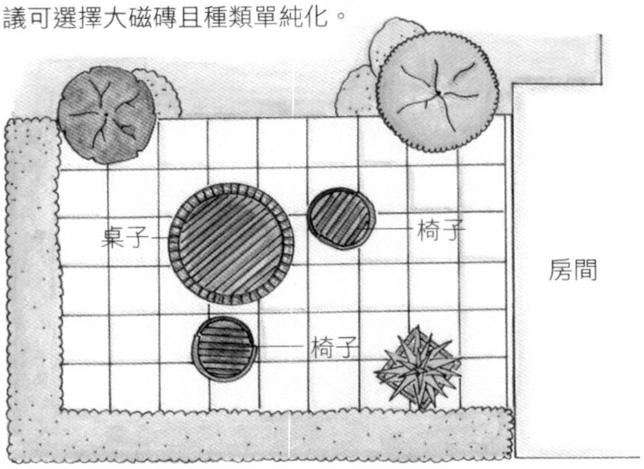
桌子
椅子
椅子
房間

讓人感受到道路的視覺動線

道路鋪面與其中規中矩地鋪設，不妨善用圖案及素材增添焦點，也可藉此引導視覺動線。

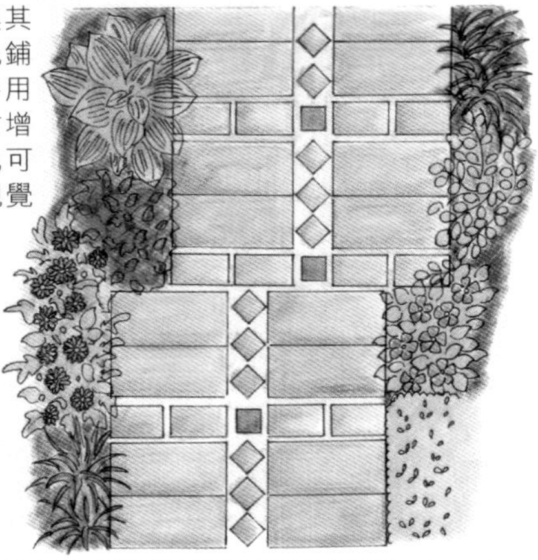

植栽周圍可營造自然氛圍

植栽周圍鋪設砂礫或木屑，可營造自然柔和的氣息。

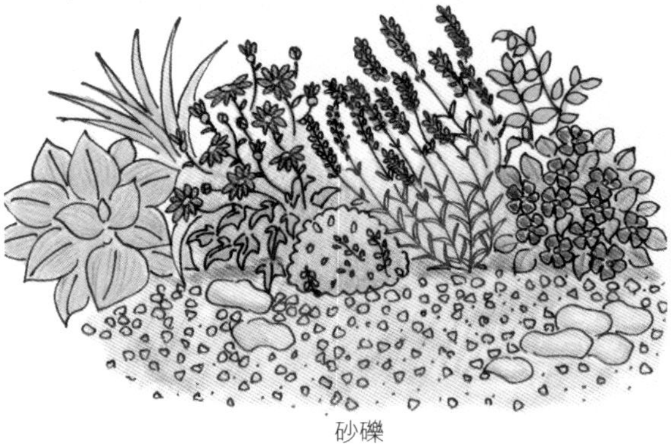
砂礫

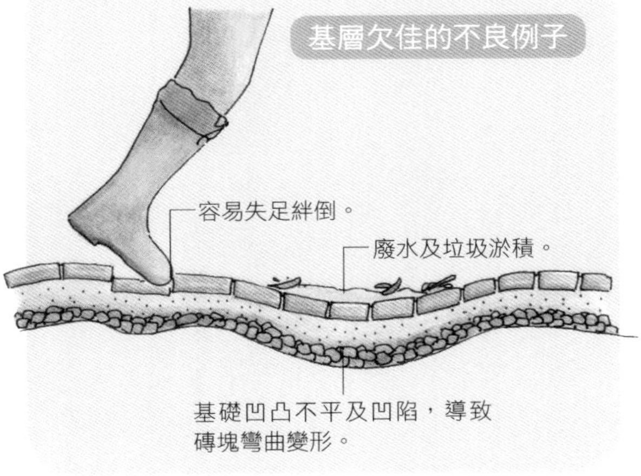
基層欠佳的不良例子
容易失足絆倒。
廢水及垃圾淤積。
基礎凹凸不平及凹陷，導致磚塊彎曲變形。

礫、卵石、木屑鋪面，則予人柔和感。

因此，根據鋪設地點的使用目的，思考設計材料的種類、配色及搭配方式是非常重要的課題。

②鋪面是否完善取決於基礎的好壞

支撐鋪面的基礎不夠堅實，鋪裝好的磚塊與磁磚就會容易彎曲、下陷、凹凸不平。

這些狀況一旦發生，不只影響視覺美觀，同時還容易積水及走動時容易失足跌倒而產生許多問題。

鋪面為了避免受到重量及外力（踩踏力道等因素）的影響，確實地將基礎做好，使之平順是相當重要的工作。

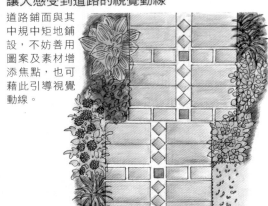

鋪面材料的種類與特徵

鋪面材料，有磚塊、版岩、平板磚、自然石、枕木等許多種類。請根據設置地點及環境氛圍，挑選協調契合的材料。還有就是有些素材遇水容易打滑、或是一髒就很明顯，因此挑選的時候，務必考量到鋪設地點及使用目的。

亂石片

自然龜裂的自然石材的亂石片鋪面材料，彷彿拼布般的可拼接成形。此外也有鐵平石這類和風素材。

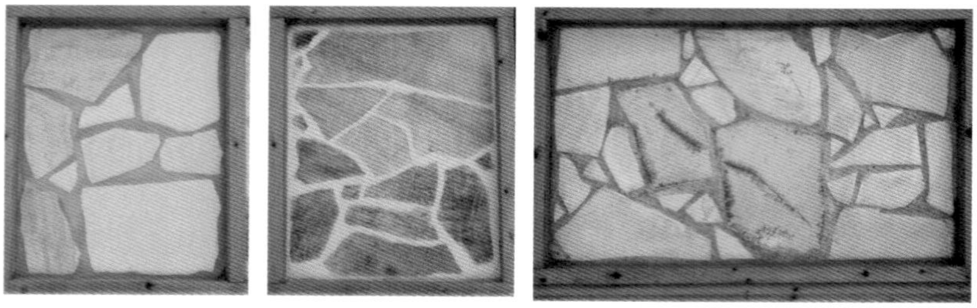

連鎖磚

連鎖磚（interlocking）是具有透水性、保水性功能的素材，有水泥製品、陶瓷質、石塊等材料。下雨時不易積水，加上石塊具有保水性，可吸收及釋放光熱源。

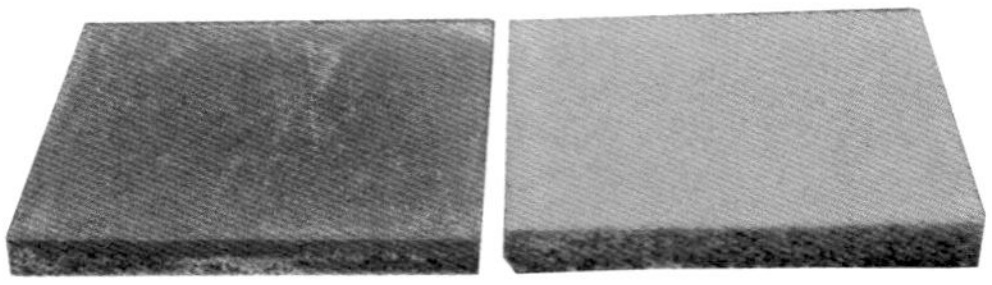

石踏板

日式庭園使用的踏板石，有圓形和四角形，材質有：花崗岩、玄武岩、版岩等材料。

塊石

設計款式豐富、材質多樣的塊石，常用來砌作緣石、花台，若用來鋪設寬廣場所雖然漂亮，但施工時較為辛苦。

裝飾用粒石

小顆的石粒。日式、西式皆適用，常用於抿石子、洗石子等面層裝飾泥作。

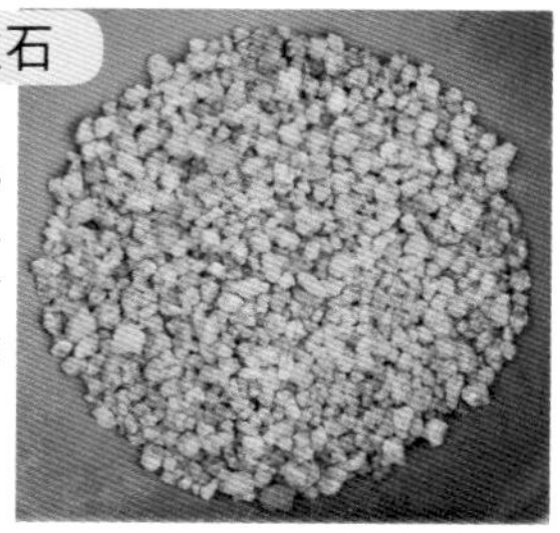

細碎石

行走其上會發出玻璃般的聲響，具有防盜效果。

自然景石

視覺效果強烈的自然景石。特色鮮明，可用作庭園造景裝飾點綴。

粗碎石

5～12mm的碎石，材料易取得、耐重壓，亦能有效抑制雜草生長。

自然石塊

質感淡雅柔和的石頭，可用作收邊裝飾或鋪面的焦點。

路緣石

設計打鑿製成的長條狀路緣石，其材質款式多樣好運用。

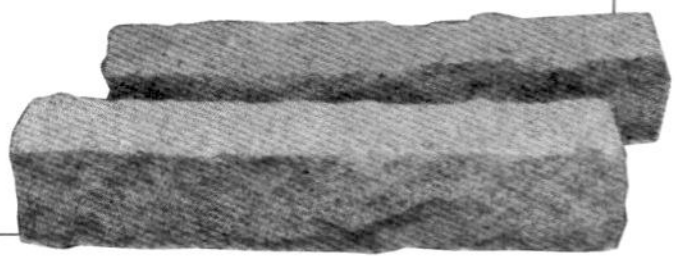

枕木

枕木是鋪面材料中相當受歡迎的資材。從中古品到全新品都有，價錢也很兩極。但因是木製品，根據鋪設環境與材料本身的差異，歷經多年還是有可能腐壞。目前也有用混凝土或塑膠木製成的仿枕木製品。

中古品枕木

厚度、長度等尺寸不盡相同。中古品所以別具風味，可自然融入既有植物及環境。

全新品枕木

木頭硬度較好。大多未使用防腐劑，使用時可塗上護木塗料。

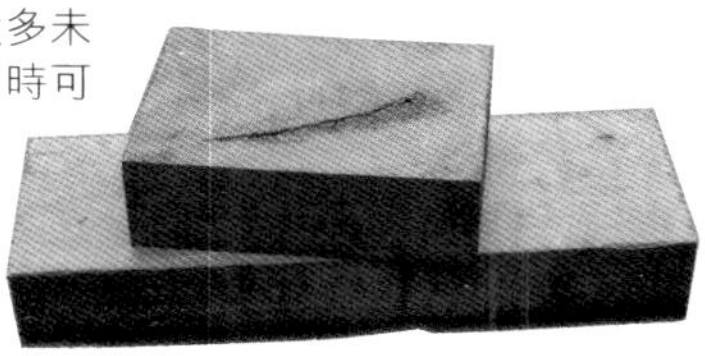

水泥製品

外觀與枕木並無不同，但不會腐朽也沒有防腐劑的味道，只是其真實感會較遜色。

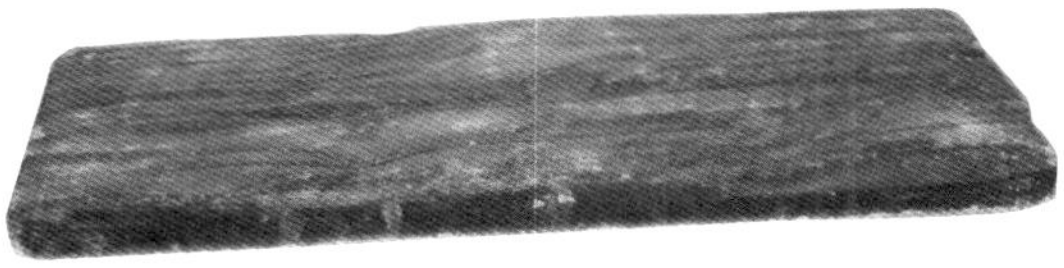

平板地磚

是一般常用的鋪面材料，素材、形狀、顏色豐富，從重點裝飾到整體鋪設皆可使用。

陶質地磚

陶土素燒材質呈現自然氛圍。顏色從白色系到茶色系都有。材質易滑，建議避免在有水的地方施工。尺寸樣式繁多。

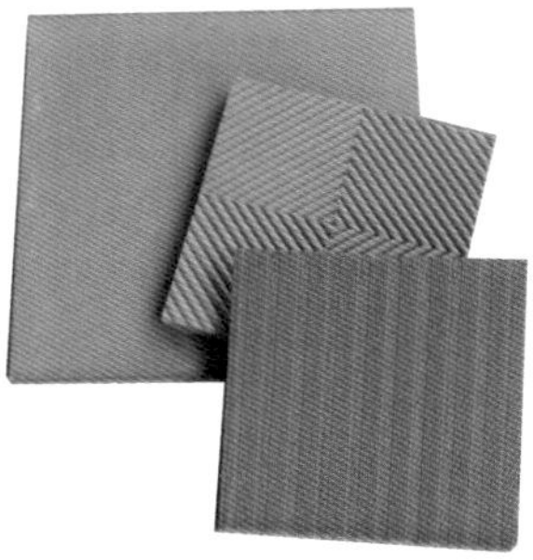

珪藻土地磚

天然素材風的色彩，醞釀出柔和氣氛。顏色以米色為主，排水效果好，止滑是其特色。

預鑄拼花地磚

地磚背面附加拼接網，寬敞地點可一口氣施工，完成後也很美觀。材質的尺寸、顏色也很豐富。尺寸規格齊全。

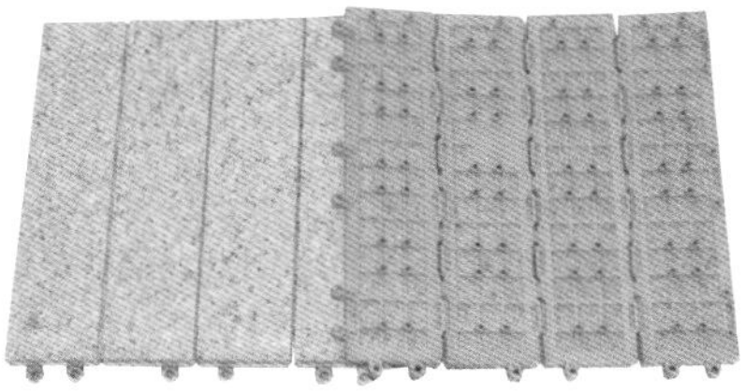

自然粒石

自然粒石，有裝飾石、碎石，以及和風卵石等等。根據尺寸大小鋪設，與其他建材搭配作為鋪面，令人賞心悅目。

人工紋碎粒石

有藍色系、粉紅色系、白色系、黃色系等顏色非常豐富，設計使用廣泛普遍。

自然洗選粒石

是各種庭園都適用的粒石。遇水濕潤後，顏色會愈發豔澤。

窯燒製粒石

用高溫燒製而成的碎石粒。排水性佳，同時具備抑制雜草的效果。

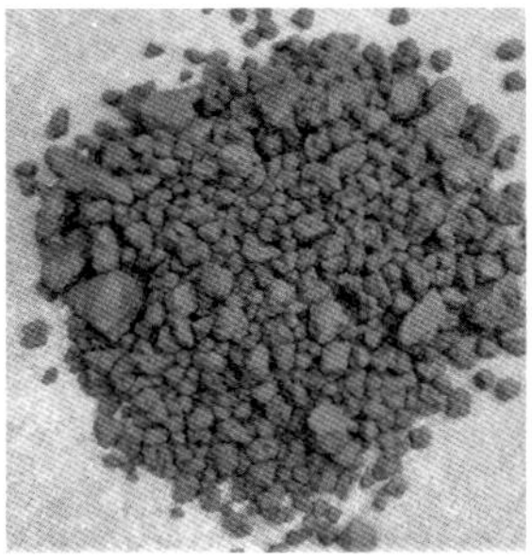

水磨製粒石

研磨具光澤的粒石，顆粒大者宛如卵石。具高級感，非常適合日式庭園，與混凝土素材的相容性也很好。

範例

打造烤肉區

利用陶磚與石板

陶磚、石板是鋪面材料中最容易處理的材料。因為厚度平均，基礎工程相對輕鬆，加上容易鋪設水平，因此不須耗費太多作業時間。

作業的流程

1 事前基礎準備
2 鋪設陶磚
3 鋪設石板
4 周邊整地鋪設砂石
5 完成

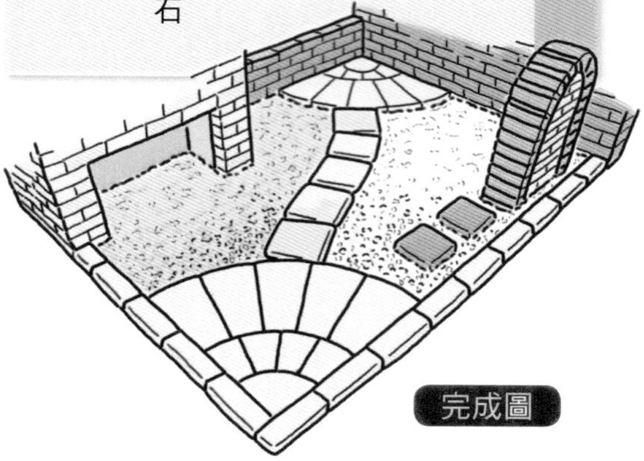

完成圖

使用的工具

- 量測工具：捲尺、水準器、水線
- 拌漿工具：平鏟、小鏟子、水桶或砂漿桶
- 疊砌工具：勾縫鏝刀、鏝刀承土板、磚鎚
- 清潔工具：刷子、海綿

使用的材料

- 陶磚、石板、河砂、水泥、碎石、裝飾用粒石

1 事前基礎準備

❶ 在設置地點鋪設河砂

在陶磚鋪設地點鋪設河砂作為基礎層，再把表面壓實固定。

專家的建議

要平均地替面積較大的基礎表面施壓時，在砂石上置放板子這類平板物，再於其上施壓，可有助於作業進展。

POINT

使用符合自己手部大小的板材，有助於基礎整地作業。

❷ 基礎整地

在鋪設地點量測高程後，再予以整地及校對水平。

2 鋪設陶磚

① 放樣檢視整體平衡性

在鋪設地點試著擺放陶磚。

② 鋪設陶磚

在整地水平的河砂基礎上鋪設陶磚，同時用木製刀柄等工具輕輕敲打磚面，調整水平。

③ 設置第 2 排陶磚

刮除多餘的河砂再鋪設陶磚，同時須一邊量測調整表面的水平。

對側也比照鋪設陶磚。

3 鋪設石板

① 鋪設基礎粗砂層

陶磚鋪好後，在兩邊設置水線量測校對水平，再根據水線鋪上基礎粗砂。

② 鋪設石板

在基礎上方施灑水泥，鋪設石板。鋪灑水泥粉，可使石板較容易固定。

③ 微調

一邊取得水平一邊微調。若直接用鐵鎚敲打磁磚可能會裂開，建議墊塊板子再敲。

4 周邊整地鋪設砂石

① 鋪設基礎粗砂

鋪設粗砂作為基礎，整體鋪滿粗砂後，再把表面整地平順。

② 鋪設裝飾砂石

鋪設細小的裝飾砂石，然後把表面弄平整。

③ 鋪設其他的裝飾砂石

鋪設大塊的裝飾粒石，然後把表面整地壓平。

POINT

在細小裝飾粒石上覆蓋大塊裝飾粒石，能夠形成更有層次感的自然風格。

④ 整理裝飾砂石的表面

再次鋪上不同色系的裝飾砂石，然後把表面整地壓平即完成。

5 完成

動手做做看！！

日式庭園的踏石鋪設

和室庭園前設置方便步行的踏石。踏石的擺放位置可先從高處觀察整座庭園，從而決定協調平衡的位置及行走動線的舒通性。

① 設置地點的事前準備

一邊檢視庭園整體的協調性，一邊暫時擺放踏石，待決定地點後，再用鏟子等工具挖出溝槽。

② 配置踏石

在溝槽裡放置踏石，用水準器等工具量測水平及調整。

③ 固定踏石

在踏石周圍用土覆蓋，再用棒子等工具敲打周邊覆土固定石頭。

④ 栽種植物

在踏石周圍均勻栽種沿階草。

⑤ 潤飾處理

去除踏石表面的髒汙，並幫沿階草澆水。

⑥ 完成

範例

利用景石

庭園景石植置

把山川等自然界中存在的石頭融入庭園環境中，可以呈現出時而狂野，時而優雅的風情。這些庭園景石孕育出來的氛圍，請在自家庭院嘗試看看吧！不管是日式還是西式庭園，都能營造出嶄新的風貌。重點在於仔細觀察景石，找出自己感覺最舒適的觀賞面來擺放在庭園中，同時觀察植物及光影的變化。

作業流程

1 施作地點整地及景石備料
2 擺放植置景石
3 景石的潤飾處理
4 景石植置完成

使用的工具
- 作業工具：圓鍬、鏟子、撬棒、繩子、扛擔
- 清潔工具：刷子、掃把

使用的材料
- 自然石

完成圖

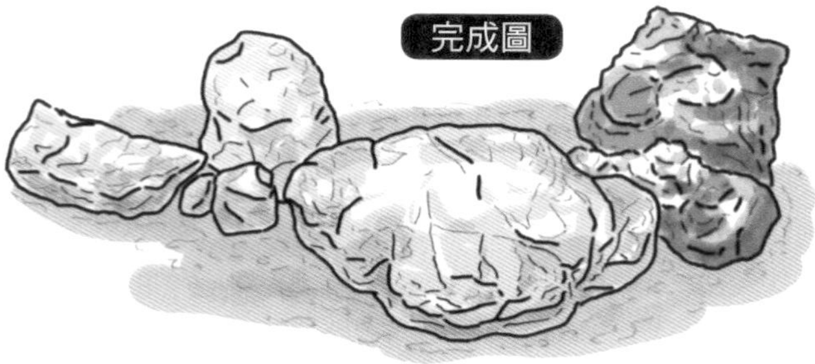

1 施作地點整地及景石備料

① 施作地點整地

拔除景石周圍的植物。若是打算移植植物，須留意別傷到根部。遇有垃圾、碎石也須清理乾淨。

專家的建議

去除碎石及植物根系時，一不留神就可能讓景石傾倒或滑動。請小心別讓景石砸到手腳，作業時請聚精會神、安全為上。

② 準備移動景石

把圓鍬插入景石下方。

❸ 用鐵撬移動景石

用鐵撬頂在景石下方（並且在鐵橇下方卡入硬物再利用槓桿原理移動）。

❹ 搬運景石

將繩子穿過石頭下方而上綁住石頭，再以扛擔往上抬起。

2 擺放植置景石

❶ 挖出景石擺放植穴

在石頭擺設處，挖出比石頭大一點的植穴，並根據石頭的正面及立面要如何呈現，決定挖掘的深度。

這裡要注意！

如果景石較大，移動會較困難，建議洞不要挖太深。

❷ 植置景石

繩子確實地在景石上打好繩結，然後用扛擔等搬運工具穿過繩結的圓環部分，藉此搬運景石。

●繩結的綁法

❶ 繩子先穿過石頭下方，再讓左右穿出的繩子繞在一起。

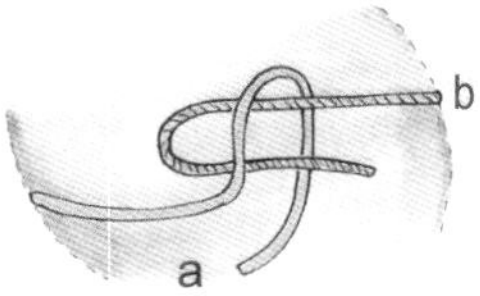

❷ 用 a 如圖繞繩，製作ⓐ圓環。

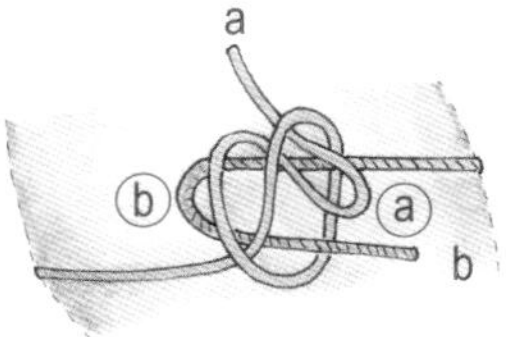

❸ ⓐ圓環與ⓑ圓環分別往左右拉開，綁成蝴蝶結。

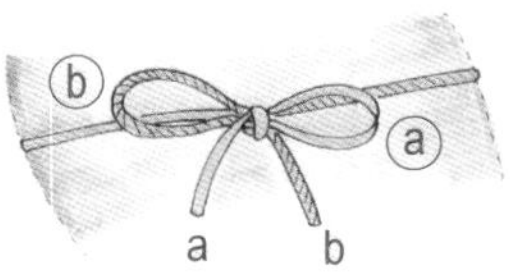

3 穩固景石基礎

擺好後為了不讓景石晃動，可從景石下方填入些許土壤，增添石頭基礎的穩定性。必要時也可填塞石頭或磚塊等加以固定。

4 固定景石周邊土壤

把土往石頭周圍堆積，踩踏壓實加以固定。

5 再搭配其他景石

也可再根據周邊景色，搭配擺設其他景石。

專家的建議

進行用水作業時，請務必一邊檢視周遭狀況。施作地點濕滑，不只妨礙作業，工具、手、工作鞋都會沾滿汙泥，因而弄髒其他地方，必須小心留意。

3 景石的潤飾處理

1 用水刷洗

用刷子清洗石頭表面去除髒汙，再用水沖洗潤飾。

4 景石植置完成

動手做做看！！

抑草蓆的鋪設

要有效地除草，第一要件是抑制雜草叢生，方法有敷設碎石、鋪設抑草蓆，或是兩者同時鋪設的方法。先鋪設一層抑草蓆，再於其上鋪設厚度約 5cm 左右的碎石，作法既簡單也可有效抑制雜草。抑草蓆可以透水，但因為是黑色，故可抑制雜草的發芽生長。

●鋪設碎石抑制雜草的對策重點

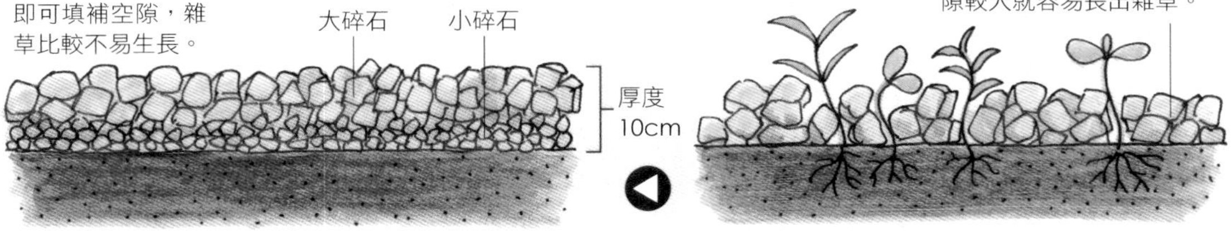
小碎石鋪在下層，上面鋪設大碎石，即可填補空隙，雜草比較不易生長。
大碎石
小碎石
厚度10cm
若用單一種碎石鋪設，其空隙較大就容易長出雜草。

1 草坪施作地點進行整地，並且使表土有洩水坡度，以利雨水往排水溝等處流動。

●應考慮表面排水

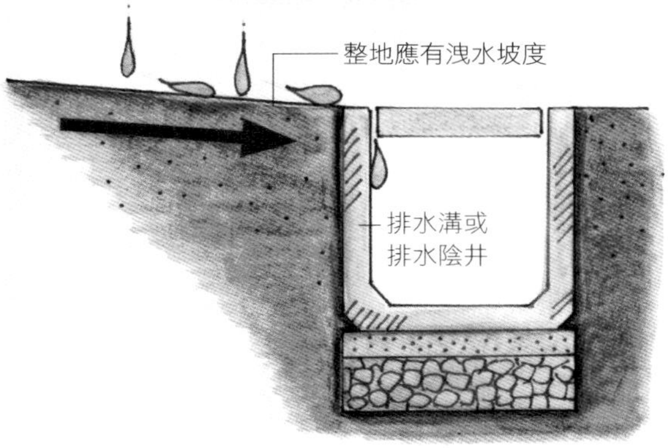
整地應有洩水坡度
排水溝或
排水陰井

3 從施作地點的邊緣開始鋪設抑草蓆，裁減時須預留些許寬度。

2 壓實整平。表面若凹凸不平，水會囤積，視覺也不美觀，務必壓實整地平順。

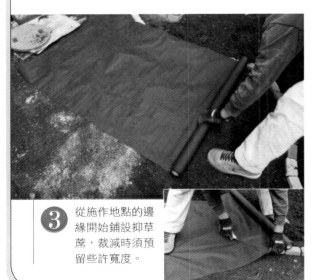

4 抑草蓆務必重疊約 10cm，使其不會鋪得鬆鬆垮垮。

5 抑草蓆邊緣摺起來加以整理。

●抑草蓆邊緣的處理方法

△ 若摺到前面來，摺口容易跑進垃圾、泥土、砂礫。

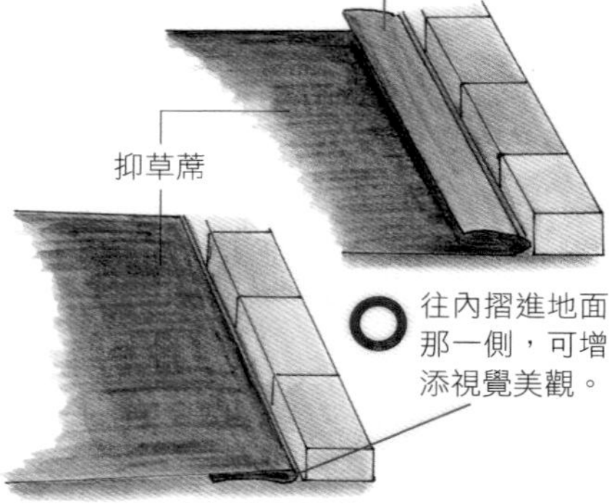

○ 往內摺進地面那一側，可增添視覺美觀。

6 鋪設結束。

動手做做看！！

卵石碎石鋪置

卵石碎石有西式及日式風格，種類及顆粒大小也很豐富，若與鋪面材料搭配使用，可緩和庭園氣氛。鋪設卵石碎石的目的是用來抑制雜草、防止下雨時的汙泥淤積，也有藉由其踩踏時發出的聲響來達到防盜效果。因此可根據設計目的，決定卵石碎石的鋪設厚度。

1 在施作地點的多處置放卵石碎石袋。碎石連同袋子事先放在鋪設地點，可讓作業更容易進行。

2 從袋子倒出卵石碎石，維持一定厚度地用手攤開鋪平。

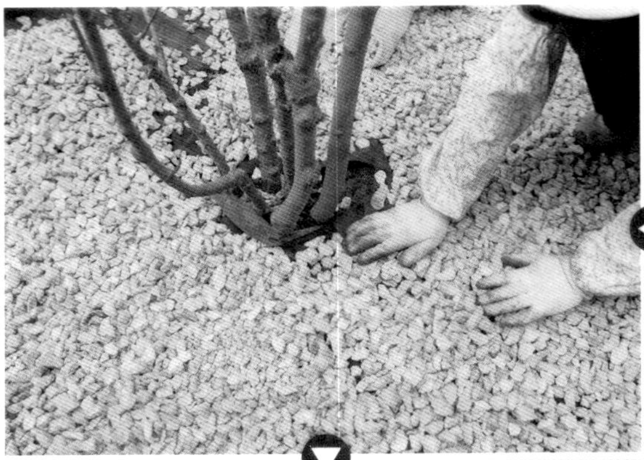

3 鋪得比預定厚度稍厚一點，避免花圃邊緣露出縫隙。另外，為了不讓抑草蓆的邊緣捲起來，也必須確實壓緊。

4 木格架周圍及植株基部應填放卵石碎石。室外機等設備機械下方，也別忘了鋪放卵石碎石。

專家的建議

卵石碎石用量請根據用地面積計算購買。也可參考碎石包裝上記載的1平方公尺的厚度之使用容量。

5 完成

草坪工程❶

鋪植草坪

綠意盎然的草坪庭園既明亮又開闊。草坪不僅便宜，而且日式、西式庭園皆適用。鋪植草坪讓環境變得冬暖夏涼。

草坪庭園的特徵

●防止沙塵

可防止庭園表土被風吹得四處漫飛沙塵。

●防止泥濘

可防止下雨造成的庭園泥濘。

●安全的遊樂場所

草坪可以讓小孩赤腳跑來跑去也很安全，也能防止危險發生。

草坪的種類及特徵

草坪草可大致區分為「日本草」及「西洋草」。日本草是暖地性，冬天會枯萎，所以也稱為「暖季草」（溫帶草）。非常適合溫暖多濕的氣候，抗病蟲害的能力也很強，廣泛運用在一般家庭的庭園中。

西洋草在冬季也綠意盎然，因此也稱為「冷季草」（寒帶草），相當適合用作高爾球場的草皮。性喜冷涼乾燥，因此在高溫多濕的地區容易發生病蟲害；若不勤加修剪，很可能會長到1公尺高，因此管理較為麻煩，不適合一般家庭用。

適合草坪的生長環境

草坪非常喜歡陽光。尤其是割草過後葉片變短的時候，一天日照至少要有5個小時以上可良好生長，讓草坪持續保持健康漂亮。

要讓草坪良好生長，除了日照條件之外，土壤好壞也是重要的關鍵。通常草坪的根會向地下紮根30～60公分，甚至可超過1公尺。

草坪喜歡保水性佳的土壤，但若是天胡荽繁茂生長的場所，表示該處土壤過於濕潤已超過草坪所需的濕度；反之，砂石過多的土壤表示過於乾燥，會導致生長衰竭。

保水力、保肥力佳，富含有機質的團粒結構土最為理想，而其中最符合需求的就是黑土。

耐寒性	耐熱性	耐病性	繁殖方法
弱（冬季休眠→冬季枯萎）	強	強	草塊 草莖
強（夏季休眠→夏季枯萎）	弱（不耐高溫多濕）	弱	種子 草莖

●草坪的特徵

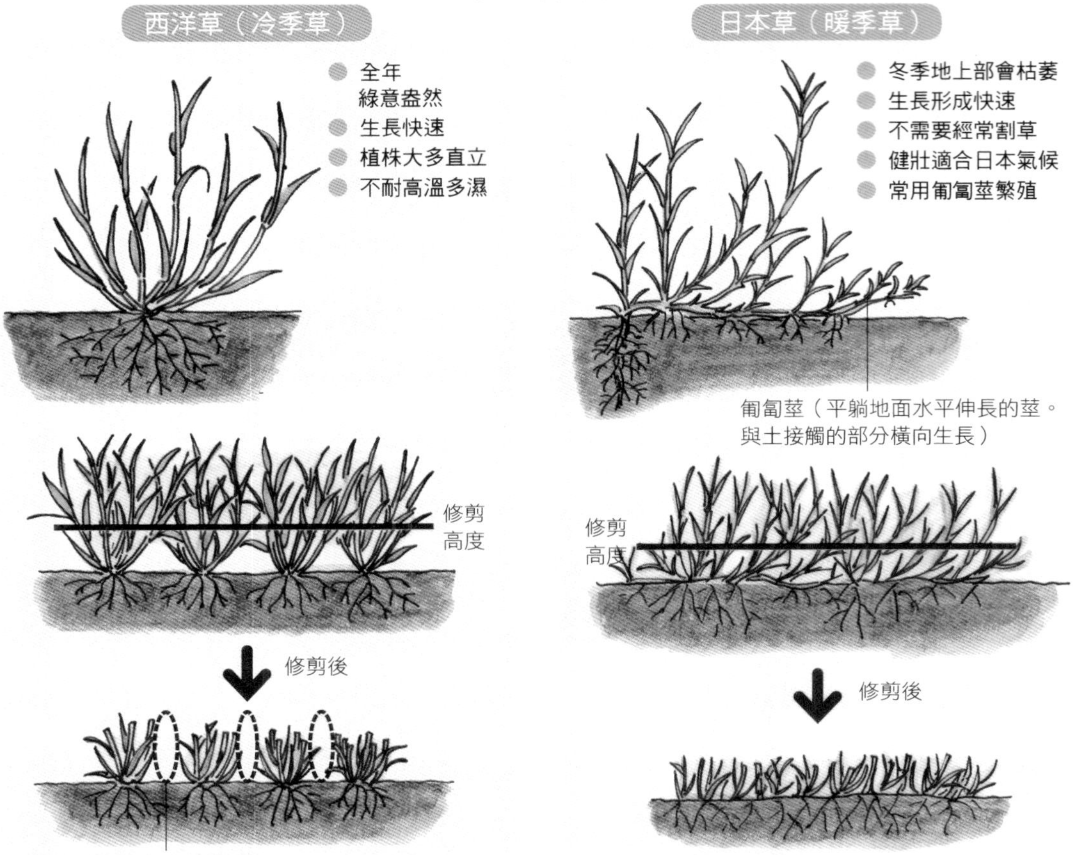
西洋草（冷季草）
全年綠意盎然
生長快速
植株大多直立
不耐高溫多濕
修剪高度
修剪後
日本草（暖季草）
冬季地上部會枯萎
生長形成快速
不需要經常割草
健壯適合日本氣候
常用匍匐莖繁殖
匍匐莖（平躺地面水平伸長的莖。與土接觸的部分橫向生長）
修剪高度
修剪後

修剪後出現空隙會看見土表，看起來坑坑洞洞不美觀。

因為密集生長，即使修剪後也看不見表土。

草坪草的種類與特徵

	生態的區分		適合生長的溫度	停止生長的溫度	氣候條件	土壤條件
日本草	暖季草（溫帶草）	大葉：野芝 中葉：高麗芝 小葉：姬高麗芝 細葉：絹芝	25～35°C	10°C 以下	高溫多濕	無特殊需求
西洋草	冷季草（寒帶草）	糠穗草 早熟禾 高狐草 多年生黑麥草	13～20°C	1～7°C	溫暖乾燥	砂質土壤

範例

草坪鋪植

市面上有販售整捆的草皮、草毯可用來鋪植草坪。購入後若不馬上使用，整捆未拆就會讓葉片枯竭變黃、漸趨乾枯，因此請在預定鋪植地點攤開放置較能貯放。

作業流程

1. 事前準備工作
2. 基礎客土整地
3. 草坪鋪植（密鋪法）
4. 修飾處理
5. 鋪植完成

使用的工具

- **整地工具**：圓鍬、爪耙、平土器
- **修飾工具**：掃帚

使用的材料

- 草皮、石灰、土壤改良劑、培養土、肥料

完成圖

●草皮的貯存處理

捆裝的草皮

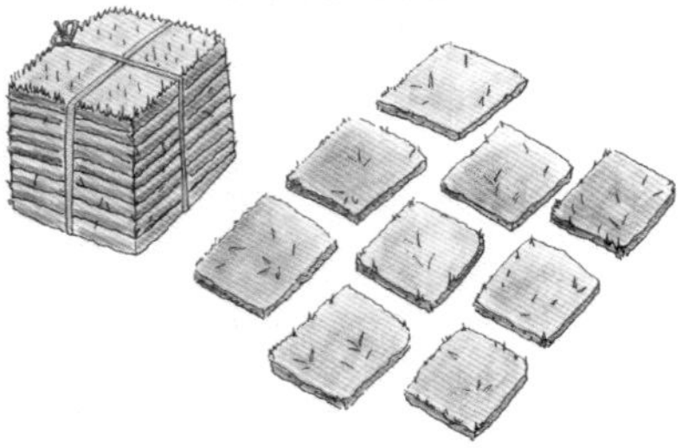

整捆綁在一起，葉片容易悶濕。
購入後請立刻拆開攤平貯放。

●好的草皮、壞的草皮

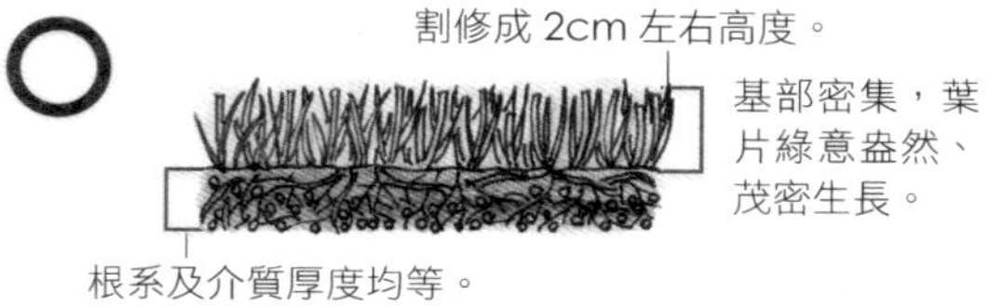
○
割修成 2cm 左右高度。
基部密集，葉片綠意盎然、茂密生長。
根系及介質厚度均等。

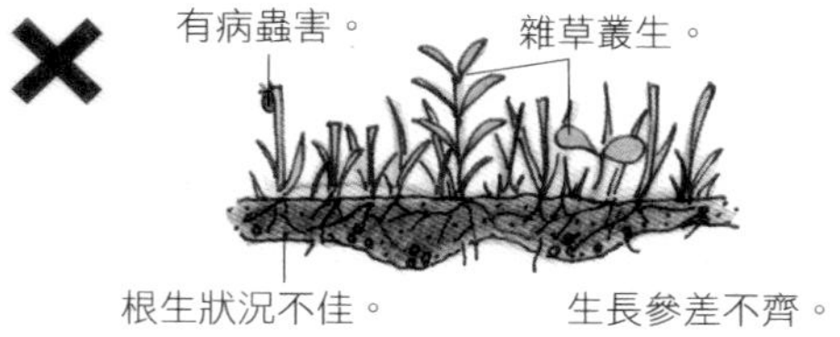
×
有病蟲害。
雜草叢生。
根生狀況不佳。
生長參差不齊。

1 事前準備工作

❶ 計算草皮的用量

先計算出草坪鋪設地點的面積，再計算草皮的使用數量。

❷ 鋪植地點整地

首先，拔除鋪植地點的雜草及撿拾垃圾並清掃乾淨。

2 基礎客土整地

① 挖掘鬆土

用圓鍬確實把土挖鬆（約 50cm 左右為佳），並把土塊弄碎，清除石頭。

② 基礎整地

接受多天日照後，把石灰、土壤改良劑調合出約 20cm 深的量，用爪耙把表面整平。也可用腳踩踏壓實表面，再把凹凸不平的地方整平。

POINT
整地若無法達到 20cm 左右的深度，可加入培養土或堆肥作為底土。

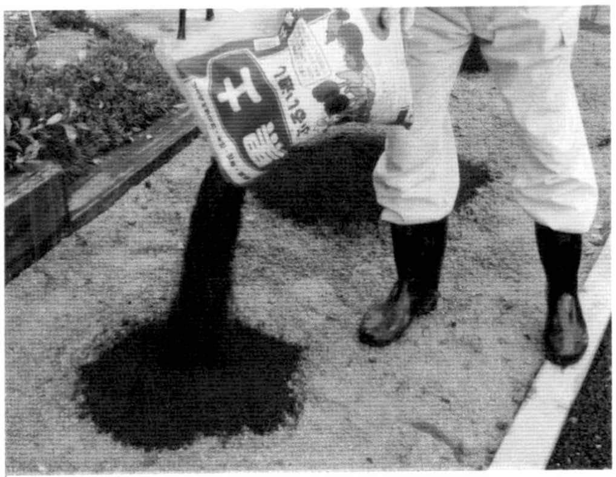

③ 客填栽植土方

倒入培養土，土的厚度約為 5 ～ 10cm。

④ 整地平順

培養土的表面可用平土器把凹凸不平的地方整平。

3 草坪鋪植（密鋪法）

① 草坪鋪植

從邊緣開始鋪植草塊，使其密接後並壓實緊貼地面。

專家的建議

排列草皮時，應密接不讓接縫處呈現連續的一條線。

② 壓實草坪

由上往下按壓，讓草皮與底土緊密貼合。

POINT

轉角等不規則處，先把草皮剪成符合的大小，再以拼貼方式鋪設。

③ 處理修邊

邊緣多餘部分可用剪刀或美工刀切割剪除。

④ 鋪植完成

草坪鋪植完成了。

4 修飾處理

❶ 填縫補土

使用與底土一樣的土壤，倒在接縫處。

❷ 客土整平

用平土器把接縫整平。土的用量約為遮蓋一半葉片的程度。

❸ 填縫密實

用掃帚等工具，把填縫土往草皮接縫處填塞密實。

❹ 撒施肥料

剛鋪植完成的草坪，請施用1平方公尺約6～8公克的化學肥，或是1平方公尺約60～100公克的有機質肥料。

這裡要注意！

肥料請整體平均撒施。

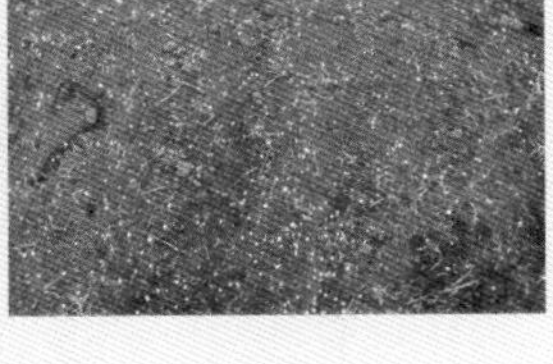

5 澆水

確實澆水讓填縫土能夠滲入草坪內，直到看得見草的呈現。

5 鋪植完成

●各種草皮的鋪植方法

間隔鋪法
草塊之間留 1 ～ 2cm 左右的間距。

密鋪植法
草坪鋪植完成之後幾乎不留縫隙，但是接縫少，相對需要使用較多的草坪材料。

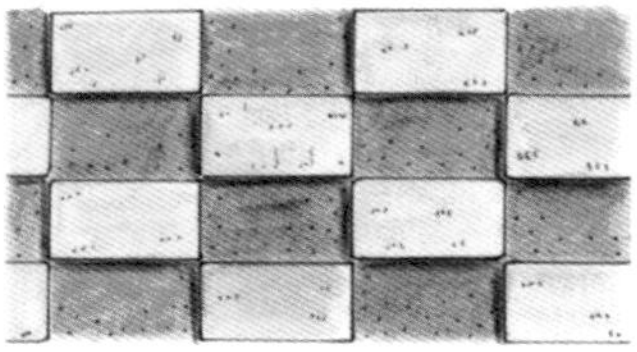

品字鋪法
草坪鋪成格紋狀的方法。留白處較多，故草皮草用量相對減少，但是到生長完成需要花費較多時間。

條狀鋪法
接縫處呈間隔條狀，故下雨及澆水時的水會沿接縫流動，較不利草皮的生長。

動手做做看！！

草籽播種

園藝店等處販售多種草坪的種子。購買時請仔細詢問店家，盡量挑選符合庭園環境且容易管理的種類。可以單一種類，也可混合搭配許多種類的種子來培育草坪。

❶ 播種處挖掘約 30cm 深，同時去除雜物及碎石。草坪性喜排水良好，故可混合使用改善排水的土壤改良劑。

❷ 把表面弄平，土質不好時，可鋪設培養土後整平。

❸ 準備草坪的種子。

●平均播種的方法

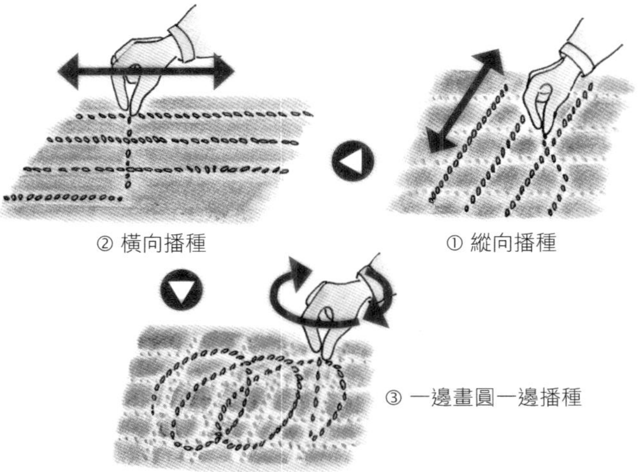

❹ 種子不可集中放在一處，要平均播種。

❺ 播種結束。

❻ 播種結束後，用工具按壓使其與土壤密合。刮風日可輕輕覆蓋些許土壤，避免種子被吹走。

❼ 確實澆水，讓種子與表土密實融合在一起。

草坪工程②

草坪的維護管理

要讓草坪維持良好狀態，必須營造草坪喜歡的環境條件。

維護管理的重點

全日照、具保水性的土地，可讓草坪良好生長，但要維持漂亮狀態還是需要細心照料呵護。即使日照良好，但有的環境也可能不利草坪生長。

這種情況下，必須進行土壤改良、改變草種等各種嘗試。但是冬季溫度過低，夏季溫度過高，季節溫度變化劇烈，會讓草坪的維護管理更顯困難。

因此，考量環境因素，挑選方便管理的草種很重要。

草坪的主要維護管理作業，有以下幾項：

●割草

要打造好的草坪，需要良質土壤與充分施肥，讓草坪生長旺盛，同時也須適時割草維持草坪短葉狀態。如果割草次數過少，將無法維持漂亮的草坪。

草坪定期的割草可促使草坪有好的再生力，割草也可讓草坪的日照變好而增加美觀度。但是，割草過於頻繁，莖葉的養分會流失，也會影響草坪的成長。

●補土填平

草坪草是藉由根莖的伸長來繁衍。因此，根莖用適量的土壤覆蓋，有助於草坪的旺盛繁殖。這就是覆蓋培養土補土填平的作業。

●釘孔打氣

草坪的根過於繁茂，在被人踩踏過程中會變硬而導致通風排水不良，最後導致生長衰竭。故為了預防上述現象，須進行釘孔打氣（土壤打洞鑽孔）作業，讓土壤層的通風及保水、排水變好。

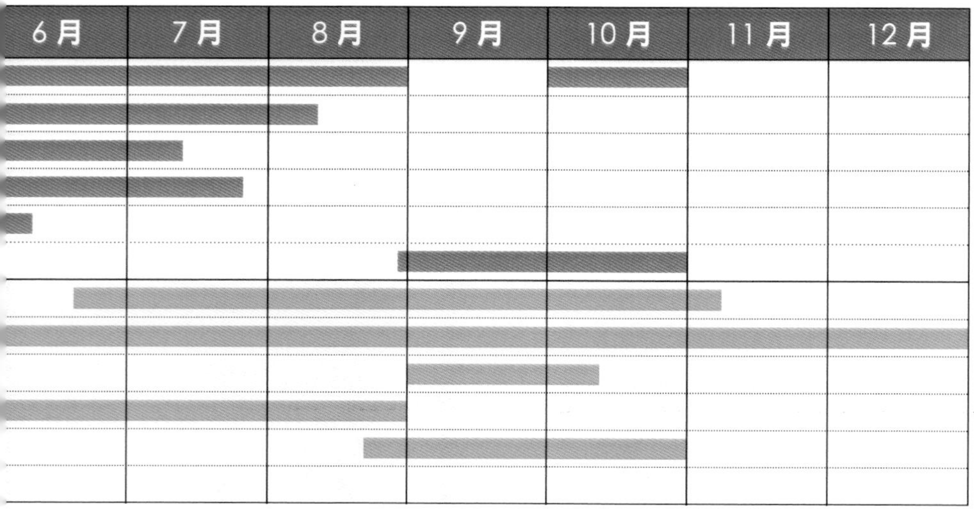

●澆水

溫帶的暖季草，雖然具備某種程度的喜乾燥性，但是連日放晴、過度乾燥的話，還是必須給水灌溉。

寒帶的冷季草不耐乾燥，就必須更頻繁的給水灌溉。

●施肥、補植

施肥，可促進草坪生長、提高對抗病蟲害的能力、改良土壤、維持土地生產力；補植，指的是過度踩踏、受到不良天候及病蟲害影響，導致草坪狀態變差時，可切除受損部分等待草坪生長，亦可以相同草種進行補換更新種植。

草坪的管理（作業年曆）

	管理作業	1月	2月	3月	4月	5月
溫帶暖季草	割草					
	覆蓋補土填平					
	施肥					
	釘孔打氣					
	繁殖、補植					
	病蟲害防治					
寒帶冷季草	割草					
	覆蓋補土填平					
	施肥					
	釘孔打氣					
	繁殖、補植					
	病蟲害防治					

實例

草坪的修剪

為了維持庭園草坪的美觀，修剪是很重要的作業。透過修剪可以去除受損無法儲存養分的植株、匍匐莖、幼葉，具有促進草坪生長的效果。另外，還可提升通風及日照條件，防止雜草及病蟲害的孳生。作業上如果要讓草坪變成約5公分的高度，則要修剪至2～3公分高度。

1 從草坪外圍開始進行修剪。

2 修剪草坪內部。此時，請留意是否有遺漏修剪的地方。

POINT

生長過高的草坪，生長點在較高的位置。一口氣割除的話，會把生長點破壞而影響生長，所以請慢慢割除修剪調整高度。

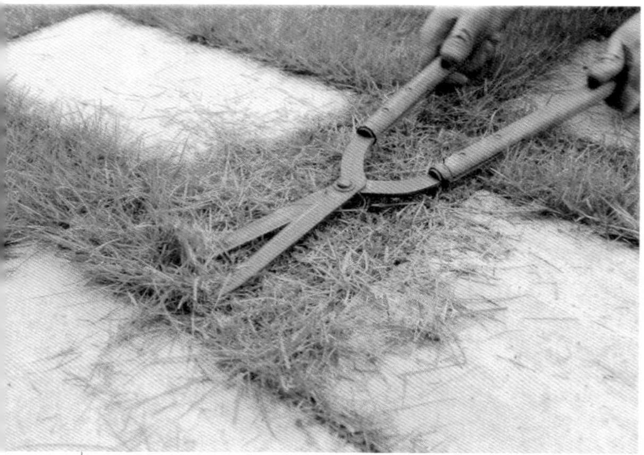

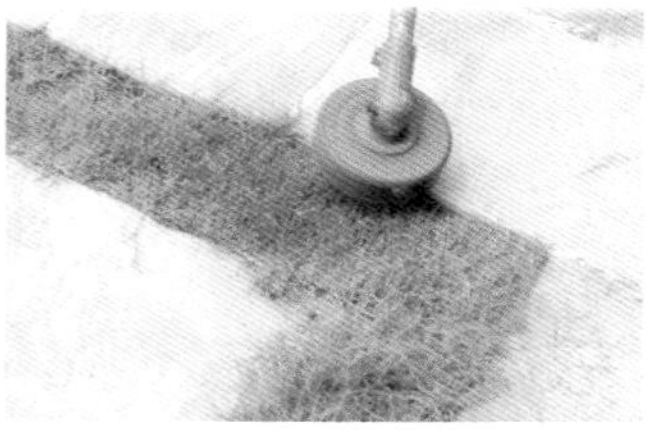

3 磁磚附近的草坪，雖然也可使用機器，但是作業非常不方便，像這類小地方可使用除草刀。修剪時須讓刀刃與草坪平行，以免草坪表面凹凸不整。

實例

草坪釘孔打氣

草坪釘孔打氣作業，可讓土壤的保水透氣良好，有助於根莖的生長。此外，水分的浸潤也會變好並促進土中微生物的分解，防止草坪老化，有利再生。建議每2～3個月進行1次。

1 把釘孔打氣工具垂直插入草坪，插入深度約 5 ～ 10 公分。

2 間隔 10 公分打氣一次。

4 割除的雜草用掃帚清掃集中。若殘留雜草恐會變成病蟲害的孳生源。

實例 草坪補土填平

草坪生長旺盛時期可以覆蓋補土，這項作業具有保護露出的根莖，讓割除後的草屑有快速分解的效果。另外，也可修整草坪凹凸不平的狀態。補土使用與原植栽土相同的土即可，覆蓋厚度約0.5～1公分。

1 把砂質壤土倒在草坪上。場地較大時，可分別倒在多個地方，以利作業進行。

2 用耙或刮板均勻地把黑土填入葉片之間。

3 把土方攤整開來，避免堆疊。

4 補土填平完成的狀態。

實例 草坪的追肥

肥料建議使用氮、磷、鉀均衡的化學肥。

1 用水桶或畚箕裝入必要的肥料量，平均地施灑。一次施用 1 平方公尺 30 ～ 60 公克的量，避免弄濕葉片，施肥最佳時機是等草坪修剪完畢後再進行。

2 施肥後，請充分澆水。

專家的建議

補土及施肥作業後的澆水，必須讓土壤與肥料能夠滲入草坪的根系基部，這樣的效果最好。

實例

草坪的補植

若要等待周圍的草坪生長，依照季節可能需要花一段時間，補植草皮的方法可確保草坪的完整性，也可讓草坪快速回復美觀。

1 草坪受損處挖起約 30cm 的土。

2 去除根系及垃圾。

3 把表面整地平整。若土壤狀態欠佳（有機質偏少），可覆蓋有機培養土。

4 根據現有草坪，從邊緣開始排列草皮。此時不要預留接縫。

5 邊緣的部分，預留比鋪設處大 1cm 左右後切除排列。

6 在排好的草皮上施壓，使其緊實貼合。

7 草皮上方覆蓋有機培養土。

8 補土約覆蓋葉片一半的高度，並且平均鋪放。

9 覆蓋補土作業完成。

專家的建議

補土第一首選是保水性優異的砂質壤土或有機培養土。河砂排水力過強，不適合使用。

10 補土填入草皮之間後，再大量給予澆水。

草坪的病蟲害防治

再怎麼勤於維護草坪，還是可能遭受病蟲害。請在被害範圍尚未擴散時，做出適當的判斷並即刻處理。
首先觀察被害狀況，是病害還是害蟲侵襲，然後進一步調查病徵及病蟲害種類，再依此決定應使用的藥劑。
使用藥劑的時候，請務必遵守藥品標籤上記載的注意事項。藥劑施用的時間，建議挑選一大早或傍晚太陽光較弱的時候，或是沒有刮風的時候。

草坪的病害與對策

草坪的病害有許多種，大多可從草坪的種類及季節來判斷，建議在發生期前先施用兼具預防效果的殺菌劑。

銹病

是韓國草常見的病害。
5～6月、9～10月發病。
葉片有黃色斑點附著，粉狀物（病原菌）會四處飛出擴散。

春禿病

暖季草常見的土壤病害。
3月初發芽時期出現10～30cm的圓形病斑，初夏會回復。
若疾病持續多年，可在晚秋到冬季間施用藥劑。

葉腐病

冷季草常見的土壤病害。
生長較弱的6～7月、9月時，出現10～60cm的圓環狀枯死草坪。

草坪的蟲害與對策

喜歡草坪而寄居在草坪生長的害蟲。了解害蟲的生態，趁早施用殺蟲劑加以預防。

金龜子

金龜子會在草坪上產卵，幼蟲棲息在草坪地下約10cm處，啃食草坪的根部。
要驅除幼蟲很困難，待成蟲活動時期（4～9月）再驅除成蟲。

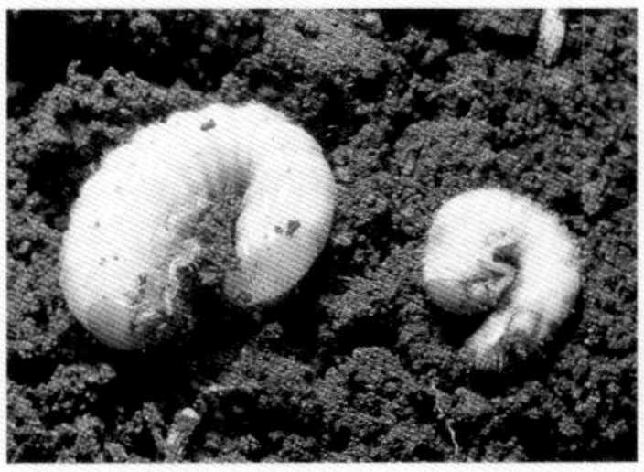

夜盜蟲

幼蟲棲息在地下，夜間會出現在地面，啃食草坪的莖葉。被啃食的草坪會變成褐色，容易被誤以為是生病。
請於成蟲活動時期（5～10月）施藥驅除成蟲。
日常管理的防除方法，是抑制氮肥用量，在成蟲發生時期勤於割草修剪。

浮塵子（小綠葉蟬）

幼蟲會啃食草坪草的莖葉。
發生時期是5～10月，其中尤以6～8月、9月最多。
對剛孵化的幼蟲施用藥劑最有效果。
若草坪的根系狀況良好，遭受蟲害後也能盡快恢復。

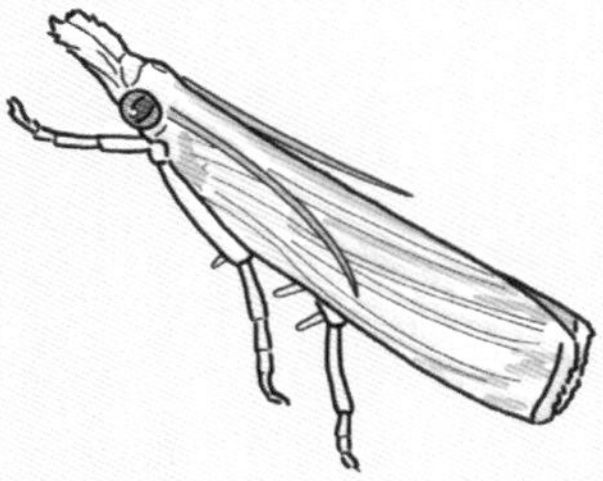

草坪的生理障礙

黃化現象

春初時，若草坪整體變黃缺乏生氣的狀態，到了夏天就會恢復。
通常原因是土壤變硬、根系環境劣化等生長環境因素。
可用補土、釘孔打氣、施用肥料等使其恢復。

圍籬與綠籬

襯托建築外觀的綠籬或竹籬等自然圍籬、或是柔和氛圍的格子圍籬，與西式或日式建築物都很搭配。

結滿鮮紅果實的火棘綠籬。

架設前的設計考量

與鄰近住家用地區隔的結構物，包含圍籬、圍牆、柵欄，以及最近大受歡迎的格子圍籬等西式圍欄。其與圍牆不同之處，在於帶有空隙，可透過網格欣賞內外景色。

這些區隔物原本就具備防盜用途。依據架設的高度可提高防盜效果，但過高的話會讓內部空間顯得封閉；過低的話會被周圍生長的植物遮蔽，也會削弱防盜作用。

另外，住宅密集地會有日照、通風障礙，植物枝條及藤蔓侵入蔓延，也可能演變成鄰居糾紛，即使是設置在自家用地內，也須考量到與左鄰右舍的往來關係。

各種區隔用的結構物

●圍籬

圍籬有「包圍」、「區隔」、「遮蔽」住家或庭園的目的，有外籬、內籬、袖籬之分。根據材料不同，還可區分為綠籬、竹籬、石籬等種類。

綠籬，是由成排種植的樹木修剪而成的圍籬，除了有四季變化（開花、結果、落葉等）、耐久性、經濟性，甚至還能兼具防風、防水及保安性；竹籬除了區隔與遮蔽，也是作為景觀重點的最佳添景物。

●圍牆

用途雖然與圍籬相同，但考量到遭受地震震壞的可能性，使用混凝土石塊上加裝鋁製格柵圍籬已蔚為主流。

●柵欄

柵欄具有劃分邊界的用途，也具備防止從懸崖或池邊失足摔落的作用。高度通常不會太高。

●格柵圍籬

格柵圍籬有架設在混凝土基底上的鐵網圍籬，以及木製斜格紋這類庭園經常搭配的格子圍籬等種類。重量輕且價格實惠，視覺上也很美觀，是重新整修時最合適的材料。

鐵網圍籬的施工包含基礎工程作業，因此稍嫌困難，但最近市面上也有販售可簡單安裝在既有石塊及地基上的零組件。利用這些便利的材料，也能夠自己動手DIY製作。

木製圍籬的尺寸及設計非常豐富，也有可輕鬆安裝的材料，是慣用的DIY材料。因為是木製的，與植物的相容性佳，也可替空間打造出柔和的氛圍。

缺點是直接照射陽光，或是終日風吹雨淋會出現傷痕。故須一年一次，費心進行防腐劑塗佈等維護工作。

格子圍籬明亮，可讓人感受到開放感。

●格柵圍籬上攀附藤蔓

要在有限空間享受植物的樂趣，蔓性植物是最佳首選。想要緩和居家氣氛，或是設置遮蔽及陰涼處時，也可活用此方法。

支撐蔓性植物常用的有網格花架、格子圍籬、錐型花架、鐵絲網。

格子圍籬上攀附盛開的鐵線蓮，讓磚牆變得更柔和。

範例

設置布製圍籬

想要把照料不易的綠籬改成格柵圍籬。但是又擔心木製圍籬或許會妨礙與左鄰右舍的往來……本案例便是針對此狀況所發想出來的解決方案。使用遮陽用布不僅具備耐久性，還可感受到布的另一側景象。雖然無法看得很清楚，但通風、遮光都有好的效果。與木製圍籬相比還具有低成本且施工容易的優點。

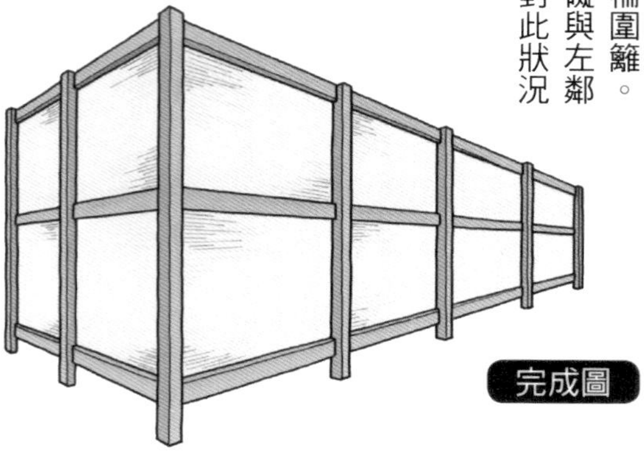
完成圖

作業的流程

1 事前準備
2 架設支柱
3 安裝橫板（胴緣）
4 裝設布料，安裝壓條
5 完成

使用的工具

- 量測工具：捲尺、木工角尺、水準器、水線
- 拌漿工具：圓鍬、手鏝、水桶或砂漿桶
- 作業工具：尖鏟、手鏟、電動螺絲起子、釘槍
- 清潔工具：刷子、海綿

使用的材料

- 鋪面材料、水泥、基礎材料（碎石）

1 事前準備

1 量測材料

首先確認必要的材料數量，區分出使用順序。量測時，材料與捲尺緊密貼合，以正確測量尺寸。

2 安裝零件

設置前先把能夠組裝的零件安裝好。

● 布製圍籬結構立面詳圖

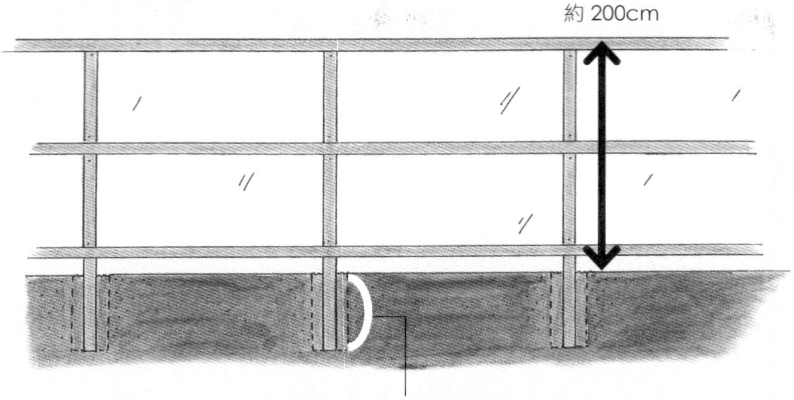
約 200cm
柱子埋入部分約為木柱長度的 1/3 以上。
本例是 65cm 以上。

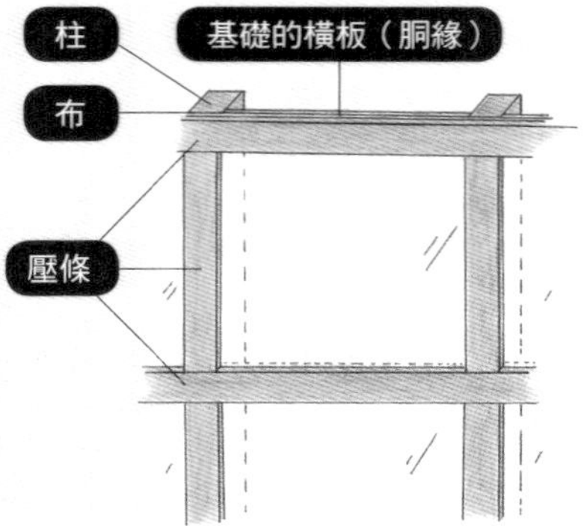
柱
基礎的橫板（胴緣）
布
壓條

2 架設支柱

① 調查柱子架設地點

在柱子設置處挖洞，檢查內部土壤的狀況。

專家的建議

架設地點若土壤濕度過高，柱子容易腐爛損壞，此時須準備混凝土柱礎（基礎）因應。

● 柱子挖掘深度的決定方法

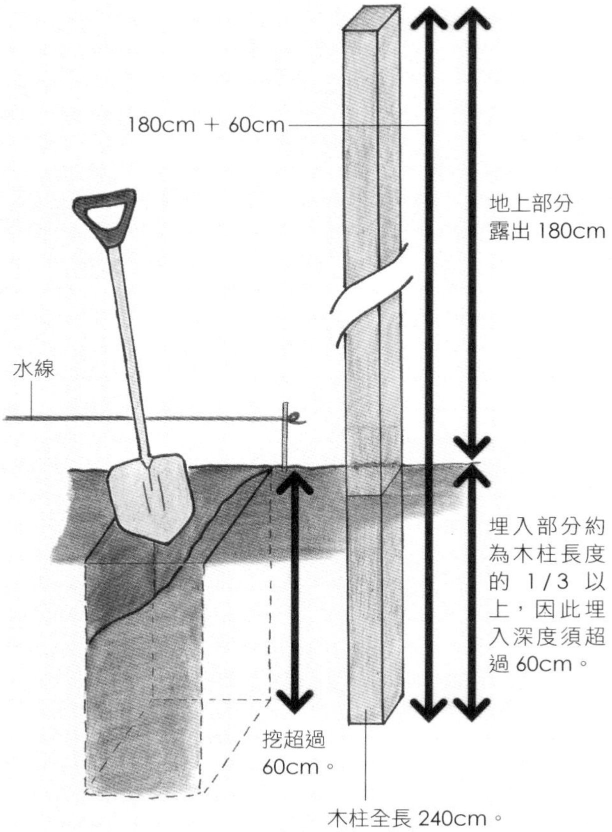
180cm ＋ 60cm
地上部分
露出 180cm
水線
埋入部分約為木柱長度的 1/3 以上，因此埋入深度須超過 60cm。
挖超過
60cm。
木柱全長 240cm。

❷ 決定柱子的埋入深度

在柱子設置處挖洞，決定柱子的埋入深度。此時也一併控制水平。

根據洞穴深度，量測柱子埋入的部分。

POINT

圍籬的高度雖然在設計階段就應該決定，但也會因材料長度、現場狀況而有所變動，請根據實際環境再次確認埋入深度。

❸ 架設柱子

量好的柱子用兩手穩穩抱住，對準洞口垂直插入。插入後請確認水平。

❹ 調整深度

根據量測位置檢視地表及深度，一邊微調一邊調整深度。

POINT

作業時可讓水準器貼著柱子一起埋入洞穴觀測，讓工作更有效率。

❺ 控制調整柱子的水平

檢視柱子插入洞穴後的水平，不只是確認柱子的其中一面，其他三面都必須仔細檢測水平。

專家的建議

檢視水平時，視線的位置與水準器位置的高度須等高，並確認水準器中心的氣泡位在中央水平位置。

6 固定柱子

用鏟子把挖出的土回填約 15cm。

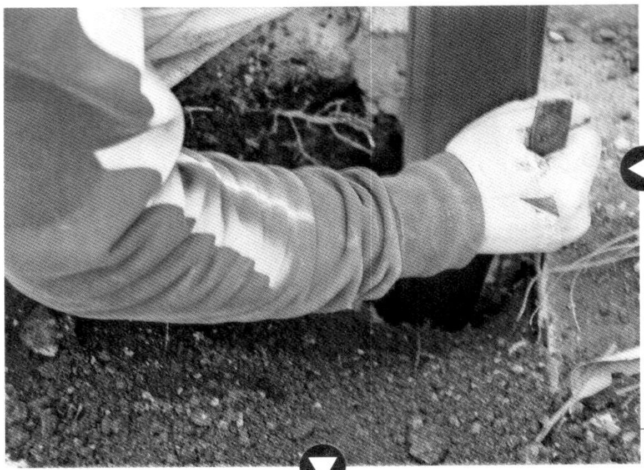

柱子基部用硬棒或鐵撬等棍棒壓實。

POINT
進行固定作業時，應隨時將水準器貼在柱子四面，確保維持在水平狀態。

一邊調整水平，再把土回填，反覆壓實加以固定。

專家的建議

慢慢回填土及用棍棒確實地夯壓柱子最下方與地表接觸的部分。

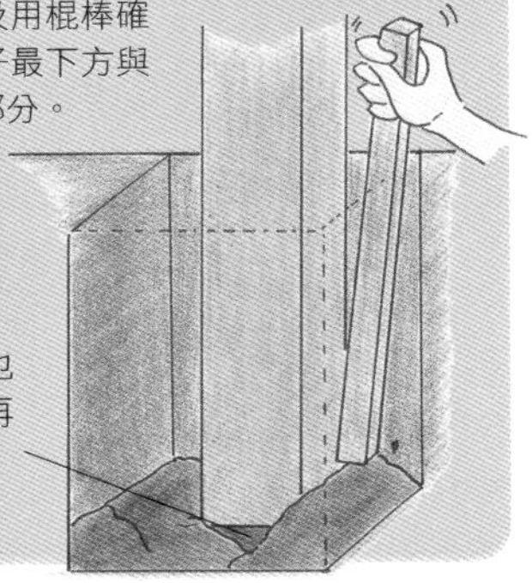

7 完成

一邊調整水平，最後確實踩踏使其固定後就完成了。

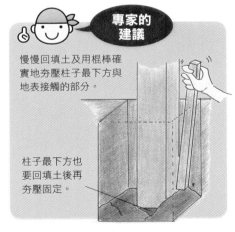

3 安裝橫板（胴緣）

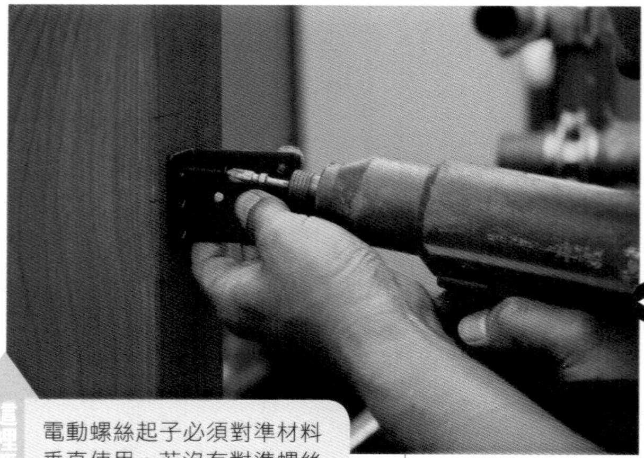

這裡要注意！

電動螺絲起子必須對準材料垂直使用，若沒有對準螺絲中心施力的話會歪掉。另外，零件需與材料緊密接合，不可鬆脫晃動。

❶ 決定橫板在柱子上的安裝位置

確認橫板的寬度，然後從地面開始測量，決定橫板（胴緣）的位置，再於此位置安裝橫板用的零件。

❷ 釘入固定水線用的臨時釘

在安裝好零件的另一側釘入臨時釘藉此固定水線。

專家的建議

安裝橫板的零件，為了維持水平的作業，可先安裝水線來檢視水平，以提升作業效率。

一邊調整水平，一邊在橫板安裝位置上裝設水線。

❸ 安裝水線（綁法請參照第 77 頁）

將水平基準用的水線，安裝在臨時釘上。

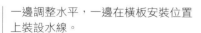

④ 安裝橫板

根據零件位置安裝橫板。

▼

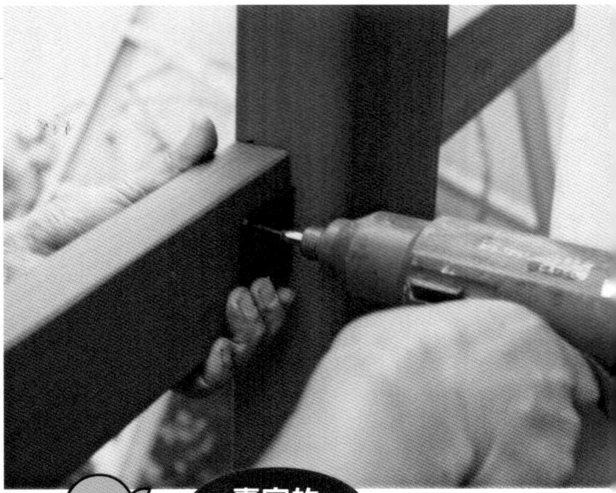

專家的建議

使用可一邊旋轉螺絲一邊強力施壓的電動螺絲起子，可讓安裝作業輕鬆進行。

橫板安裝完工！

POINT

遇到手接觸不到而要他人協助的情況時，可事先利用繩結綁定零件和板材，才能讓作業變得更輕鬆。

4 裝設布料，安裝壓條

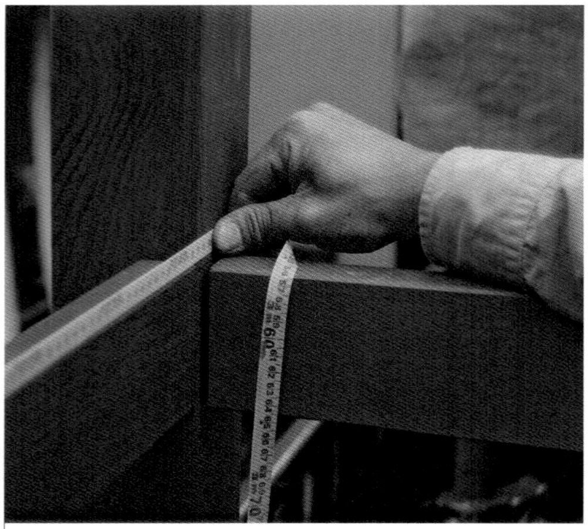

① 量測橫板的長度

為了決定布料的長度，先測量壓條的長度。

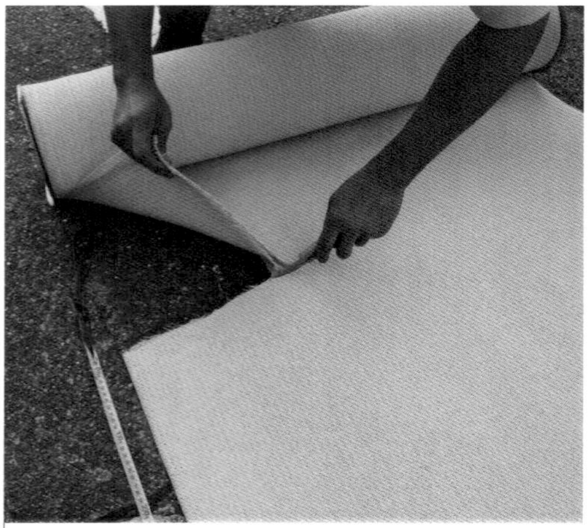

② 裁剪布料

把布料裁剪出大於壓條的尺寸。

③ 固定布料

用釘槍從壓條緣邊緣暫時固定布料。

暫時將布料整平固定。

POINT

轉角處須確實拉緊固定，避免鬆垮。

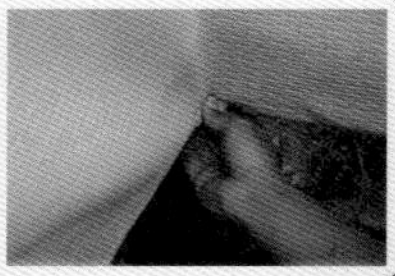

正式固定時，請間隔約 10 公分等距離的用釘槍固定。

釘槍固定作業結束。

POINT

使用木板固定夾具（C型夾），可讓作業更容易進行。

④ 安裝壓條

與布料內側的橫板（胴緣）接合。須測量螺絲固定位置的距離，並間隔地固定。

專家的建議

把板子裁切成必要的長度，利用這塊板子做記號，有助於取得均等的間隔。

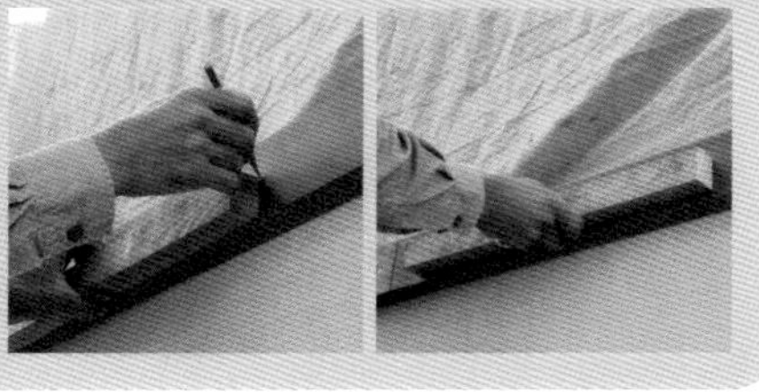

●水線的綁法

水線拉扯時不會鬆脫，但是作業完成後，從釘子上取下來，然後拉扯非圓環部分，即可解開恢復一條水線。如此一來就能重複使用水線。

❶
a 端從 b 地後面繞到前面，做出ⓐ圓環。

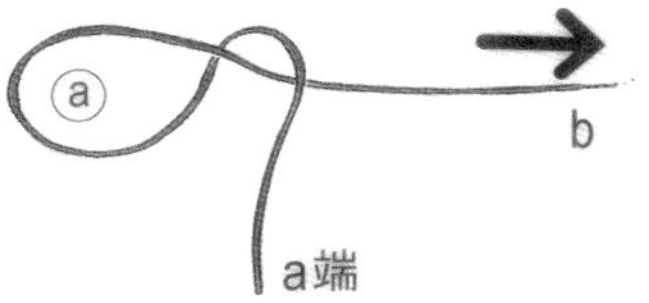

❷
用 b 做出ⓑ圓環。

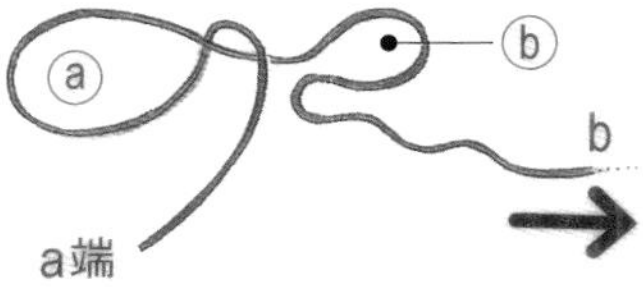

❸
把ⓑ圓環套入ⓐ圓環，捏住ⓑ圓環，然後拉 a 端綁緊。

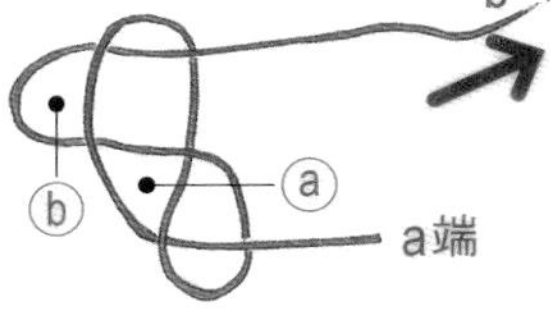

❹
把ⓑ 圓 環 套入釘子，拉 b 處綁緊。

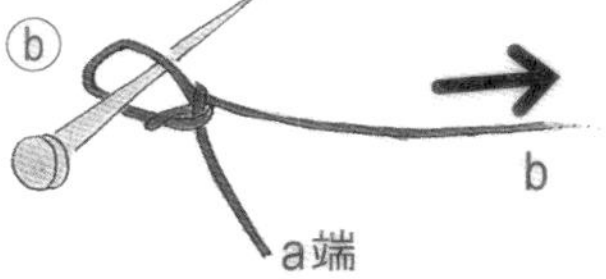

把ⓑ從釘子上取下來，然後拉 a、b 就能解開。

5 完成！

裝設布料及安裝壓條完成。

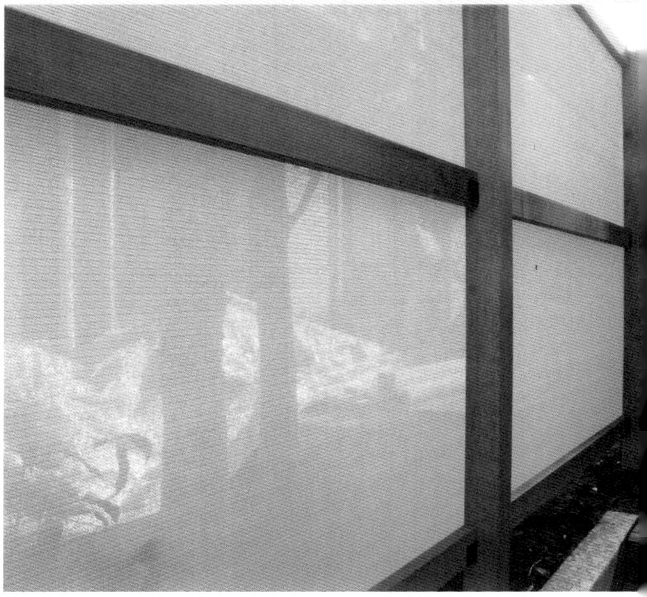

動手做做看！！

在格柵圍籬上攀附山葡萄

山葡萄嫩葉鮮綠清新，果實顏色多變，還可欣賞落葉前葉片轉紅之美。由於它會長出蜷曲的卷鬚藉以攀附生長，故需設置支柱供其攀附，並且在1～2月修剪調整生長型態。

專家的建議

把格柵圍籬當成畫布，想像植物會生長成何等美麗的模樣。為了藤蔓的生長所需，若大量裝設鐵絲，須留意落葉時期鐵絲會變明顯而不美觀。

① 決定螺絲鉤的安裝位置

測量標記拉設鐵絲（鋁線）螺絲鉤的安裝位置。

② 安裝螺絲鉤

在做記號的位置安裝螺絲鉤。柱子的材料較硬時，也可先用電鑽預先鑽出引孔小洞。

專家的建議

到了春季，葡萄的藤蔓會順著鐵絲伸長，替格柵圍籬增添風韻。

3 安裝鐵絲

在螺絲鉤上安裝供山葡萄攀爬的鐵絲。

4 牽引藤蔓

切記別硬把山葡萄攀繞牽引上去，以免折損枝條。

藤蔓攀爬後的狀態

到了春季，山葡萄的藤蔓會順著鐵絲伸長，替格柵圍籬增添風韻。

動手做做看！！

在格柵圍籬上攀附多花素馨

多花素馨是在春季開花散發芳香，是常綠蔓性植物。若不修剪或誘引枝條，就無法使其開張生長而形成整體茂盛的樣貌。

❶ 把藤蔓繞在格柵圍籬上

把藤蔓繞在格柵圍籬上，誘引藤蔓枝條使其佈滿圍籬。

❷ 疏枝修剪

替圍籬上部過於茂密的藤蔓枝條進行疏枝修剪。

❸ 修剪不良枝

去除枯萎的不良枝條，調整整體形態。

蔓性植物的種類

蔓性植物的根部型態不同，其攀附生長的方式就不一樣。例如常春藤及爬牆虎這類會長出氣生根或吸盤根，即使是垂直面也能向上攀爬；香豌豆、鐵線蓮及炮仗花這類卷鬚莖，可纏繞在圍籬或支架上的支撐物；還有像是金銀花及蔓性玫瑰則是莖可纏繞圍籬及花架的格柵支撐向上生長。

鐵線蓮

攀附在鐵製圍欄上，可舒緩路人的目光。

蔓藤植物攀附在格子圍籬上也具有遮蔽效果。

香豌豆

其吸盤根可吸附牆面向上生長，清新鮮綠給人涼爽感。

爬牆虎

其纏繞莖可纏繞格柵支撐物向上生長。

蔓性玫瑰

範例

設置綠籬

綠籬種植初期必須要有支架固定。本案例將圖解介紹製作四目籬壁支架再栽種的方法。

四目籬壁支架是最基本的竹籬，是用竹子縱橫組合而成的簡易圍籬，我們可以DIY輕鬆製作是其優點。垂直豎立的竹子稱為立柱，橫向連結的竹子稱為橫程。

作業的流程

1 製作四目籬壁支架
2 栽種綠籬植物
3 設置完成

使用的工具
- 量測工具：捲尺、水準器、水線
- 作業工具：鋸子、剪刀、電鑽、鐵鎚、鏟子

使用的材料
- 杉木或加工製圓木、桂竹稈、麻繩、鐵釘

1 製作四目籬壁支架

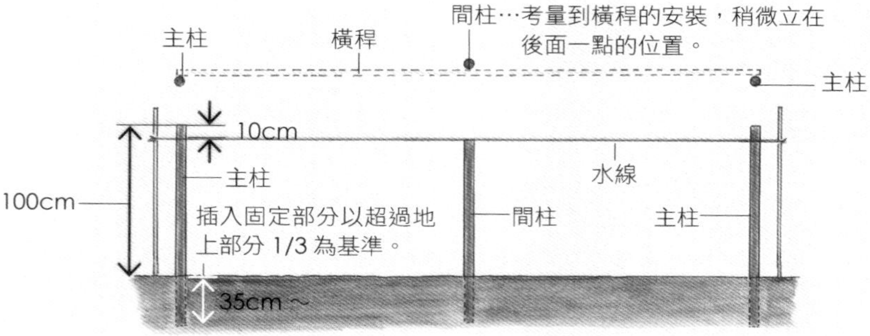

間柱…考量到橫程的安裝，稍微立在後面一點的位置。
主柱
橫程
主柱
10cm
主柱
水線
100cm
插入固定部分以超過地上部分 1/3 為基準。
間柱
主柱
35cm ~

❶ 豎立主柱與間柱

在預定地點拉設水線決定柱子的位置，然後在兩側挖洞豎立主柱。接著在兩根主柱之間，以約 2 公尺的間距豎立間柱。因為之後要安裝胴緣，所以間柱稍微比主柱往後退一些。

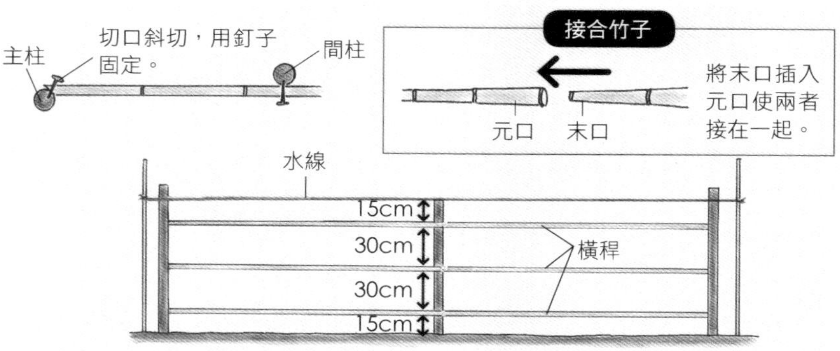

主柱
切口斜切，用釘子固定。
間柱
接合竹子
將末口插入元口使兩者接在一起。
元口
末口
水線
15cm
30cm
30cm
15cm
橫程

❷ 安裝橫程

決定橫程的安裝位置，事先在主柱及間柱上做記號。橫程固定處先用電鑽鑿洞，然後與主柱緊密貼合，用鐵釘固定洞孔部分。

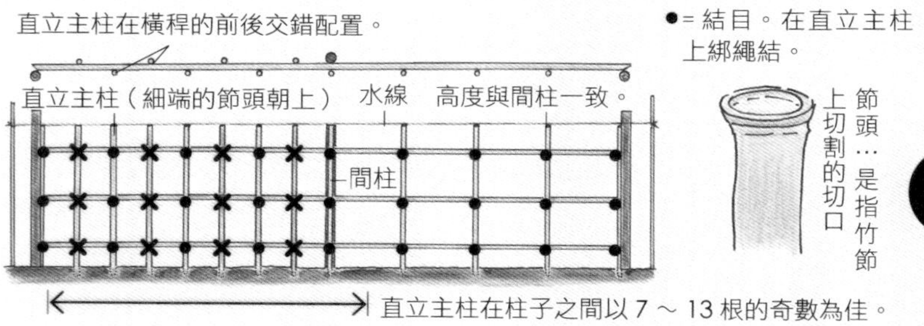

直立主柱在橫程的前後交錯配置。
●= 結目。在直立主柱上綁繩結。
直立主柱（細端的節頭朝上）
水線
高度與間柱一致。
間柱
節頭…是指竹節上切割的切口
直立主柱在柱子之間以 7 ～ 13 根的奇數為佳。

❸ 安裝直立主柱

切割好的直立主柱，用木槌等工具輕敲插入土中。

POINT

直立主柱應間隔配置，並且在橫程的前後依序交錯配置。

❹ 用麻繩把直立主柱與橫稈綁紮固定

直立主柱與橫稈的交會處，
用麻繩以十字結綁緊。

●麻繩的綁法（十字結）

繩結綁在直立主柱安裝側。
由下往上邊修正垂直線邊紮結。

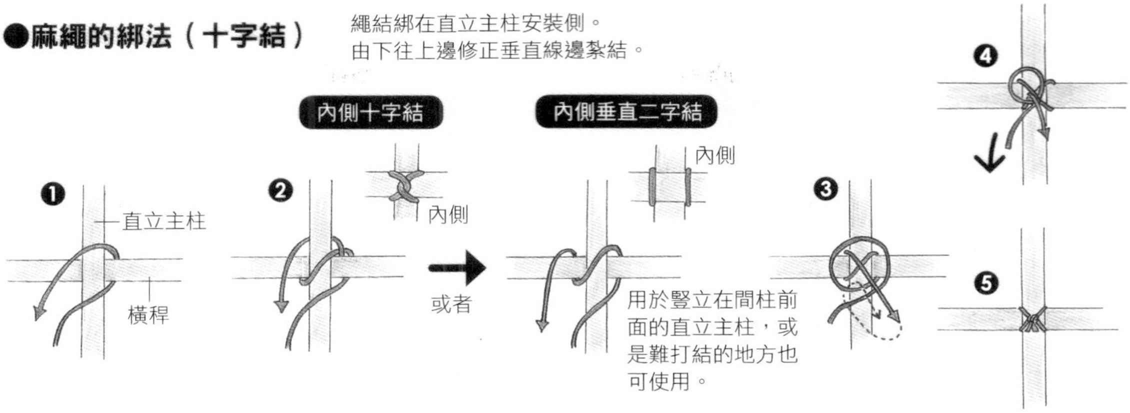
內側十字結
內側垂直二字結
❶
直立主柱
橫稈
❷
內側
或者
內側
用於豎立在間柱前面的直立主柱，或是難打結的地方也可使用。
❸
❹
❺

2 栽種綠籬植物

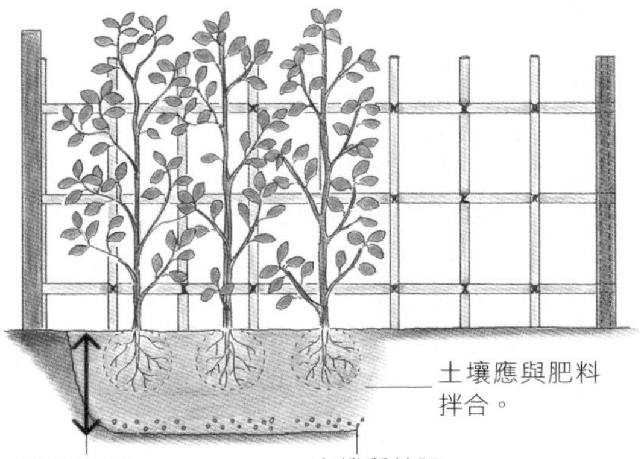
土壤應與肥料拌合。
深度約 40cm
有機質基肥

❶ 栽種植物

在一公尺寬的地方均等挖出 3 個植穴。

❷ 誘引固定植栽

沿著橫稈栽種植物，用麻繩紮結固定。

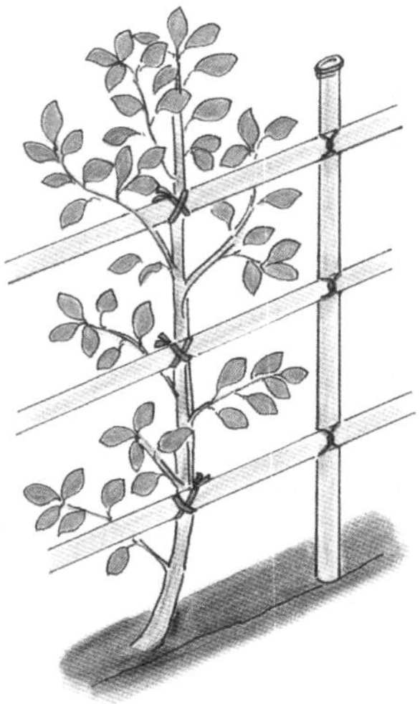

3 設置完成

在四目籬壁支架旁種植光葉石楠的綠籬完成。

範例

綠籬的修剪

綠籬並非植物原本的姿態，而是透過人工造型提升觀賞價值。利用修剪展現直線、曲線之美是重點所在。

綠籬的目的，是防風、隔音、遮蔽，為了落實上述目的，必須進行修剪短截等管理作業。

作業的流程

1 修剪枝葉

2 清潔修飾

3 修剪完成

使用的工具

- 修剪工具：剪定鋏、修枝剪、電動修籬機
- 高處修剪工具：梯子
- 清潔工具：釘耙、掃帚

1 修剪枝葉

❶ 檢查綠籬現狀

檢查綠籬整體及找出不良枝（請參考右下框）。

❷ 決定短截修剪的位置

根據欲造型的形狀，決定短截修剪的位置。

❸ 進行短截修剪

找出不良枝，然後修剪掉。

從側面的平整處開始短截修剪。

修剪上方的平整處。

POINT

側面及上方的倒圓角部分，可以把修枝剪反拿後修剪。

●何謂不良枝

- 剪掉後可促進萌芽，讓莖葉變茂密的枝條，以及可促進開花結果的枝條。
- 遭受病蟲害侵襲的枝條。
- 剪掉後可提升通風、採光的枝條，同時也可預防病蟲害。
- 剪掉後可回復樹勢，或是能夠矯正樹形。

專家的建議

若是大型綠籬，可以使用園藝用的電動修籬機。

修枝剪的刀刃，如果沒有與樹木平行或與地面垂直，須留意綠籬表面會凹凸不整。

2 清潔修飾

❶ 整理

把修剪後卡在枝幹上的枝葉掃除。

這裡要注意！

樹中殘留的枝葉可用手拍除。

3 修剪完成

綠籬與竹籬

栽植綠籬

栽植綠籬可以美化襯托建築外觀，同時還可欣賞四季的變化，並賦予靜逸氣息。綠籬可大致區分為在用地外圍的外籬以及區隔內部用地的內籬。另外，視完成後的高度，還可分為高綠籬、中高（普通）綠籬、矮綠籬。

茶梅

黃金側柏

海衛矛

珊瑚樹

●綠籬用樹的選種考量

在挑選適用的綠籬樹木時，需注意以下幾點：

- 耐修剪且萌芽力強。
- 分枝密集且不易老化。
- 葉片繁盛茂密美麗。
- 不容易遭受病蟲害、容易培育。
- 容易照料、價格便宜易取得。

編製竹籬

竹籬是日本特有的圍籬，穿透型竹籬及遮蔽型竹籬，一直以來都是日本庭園不可或缺的結構物。竹籬藉由組合搭配桂竹、孟宗竹等竹片及竹稈編製而成，可以衍生出各式各樣的設計。

矢來籬

建仁寺籬

龍安寺籬

四目籬

光悅寺籬

打造戶外客廳

把木棧板平台當作第二個客廳，打造出詮釋舒適空間感的場所。木材在居家修繕連鎖店可輕鬆購入，請試著在週末自行DIY動手做看看吧！

木棧板平台的材料

戶外木棧板成天風吹日曬雨淋，必須使用具耐久性的堅固材料。其中也包含價格較貴，但已事先做過防腐、防蟲處理的材料及樹脂材料。由於材料硬實，因此打釘子前，必須先行鑽孔引洞。主要的木材有以下幾種：

●各種木材的特性

■**重蟻木：**適用於港灣的棧板，耐久、耐水、耐鹽性優異的木材。不需要做防蟲處理，但成本偏高。因為是硬木，因此電動圓鋸是必備工具。

■**婆羅洲鐵木：**是鐵木的木材中耐水性最高的。抗害蟲力強也是一大特點。

■**南洋櫸木：**常用於船隻的甲板，其密度高、強度及耐久性也很卓越，亦不須擔心害蟲，也是棧板的好材料。

■**美國西部側柏：**抗水性強，乾燥時收縮性低的木材。含有殺菌、防蟲成分，耐久性也很卓越。

木棧板平台的基本結構

了解木棧板的結構，會更容易理解製作的順序。請務必將一般棧板的結構熟記起來。

●各部位的名稱與作用

■**柱礎（基礎）：**承載立柱用的基座（大多是混凝土製）。請避免直接把立柱立在土上以防腐蝕。

■**立柱：**設置在柱礎上方支撐格柵墊木的垂直建材。

■**格柵墊木：**設置在主柱的上方，以承接支撐木格柵，可用螺栓與立柱固定。

■**木格柵：**在格柵墊木上方支撐面板的橫木，常呈垂直方向鋪設。

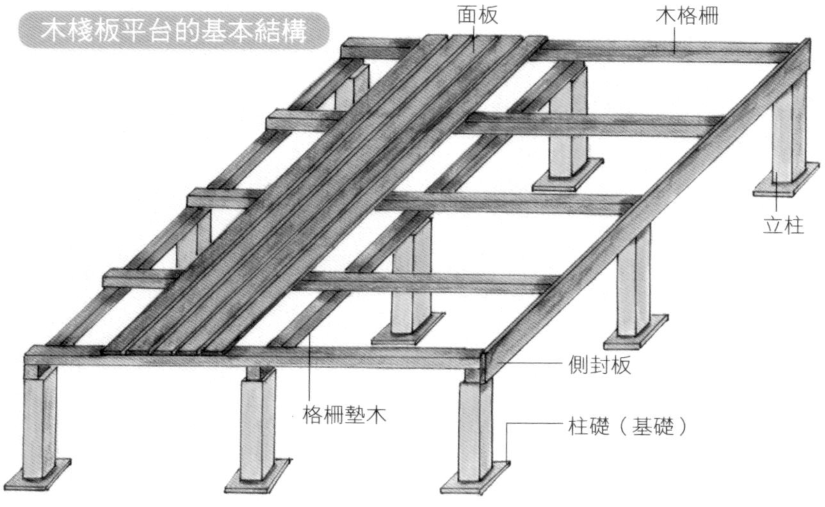

側封板：是作為裝飾用的橫向長板材，第90頁的範例是設置在地板下側作為遮蔽用。

面板：可放置在木格柵上方接合固定的面板材。

木棧板平台的設計

除非是設置現成品，否則還可根據場地大小，感受地板的設計、扶手的設計、甲板的設計帶來的箇中趣味。

●設計的思考方法

面板：大多會與住家呈平行鋪設，也可用傾斜菱形展現個性。

扶手：視覺焦點。大多採直桿或橫桿設計，也有斜格紋式的設計。

平台的形狀：四邊形最容易製作，但根據建築物的氛圍，邊緣增添凹凸或曲線等變化也能饒富趣味。

屋頂的有無：加裝屋頂可延長棧板的使用壽命，下雨也可作為客廳使用，缺點是日照差且缺乏開放感。

施工排程的注意事項

① 每日作業時間要充裕

作業會受天候影響。另外，也需考慮到材料不足及工具故障等因素，安排出足夠充裕的作業時間。

② 根據施工地點安排作業人數

人手充裕固然很好，但施工地點若過於狹小，人太多反而會降低效率。

③ 工具應事前準備周全

作業前先檢查當天要用的工具及材料。若有不足就要補充，也請預先替電動工具充好電。

④ 根據季節規劃進度

炎夏及寒冬會讓作業進度延宕，請避開不適合作業的季節。

範例

打造木棧平台

本例是由混凝土露台重新改造為木棧板平台，可作為客廳的延展，蛻變為開放性空間。本案例要直接把混凝土露台當作木棧平台的基礎部分。

作業的流程

1 整理施作場地
2 量測放樣
3 木棧平台的基礎準備
4 設置格柵墊木（兼用木格柵）
5 鋪設面板
6 修飾作業
7 木棧平台施作完成

完成圖

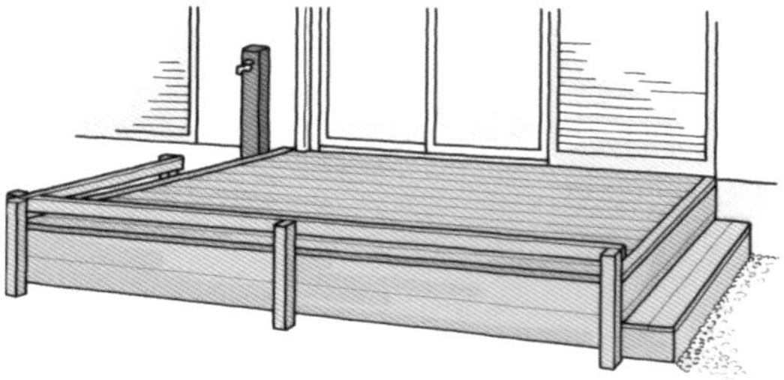

使用的工具

- **量測工具**：木工角尺、捲尺、墨斗、水準器
- **切割工具**：鋸子、豎鋸、電動圓鋸
- **挖鑿工具**：電鑽、木工鑿子
- **削磨工具**：研磨機、鉋刀
- **接合工具**：鐵鎚、電鑽、電動螺絲起子、螺絲起子、釘槍
- **清潔工具**：毛刷、掃帚、榔頭

使用的材料

- 合板（基礎用型模）、全牙螺絲、墊圈、基礎用砂漿（水泥、砂）、木板材料、螺栓、螺絲釘

1 整理施作場地

① 拆除現有結構物

用榔頭破壞混凝土圍牆。此時請勿一口氣敲壞，而是從邊緣逐步破壞。

② 破壞後的清理

本案例要利用這塊基座作為木棧平台的基礎部分，一旦做了記號、鋪上棧板後就無法清掃，因此請先仔細地把溝槽內的垃圾髒污清掃乾淨。

●範例木棧板的結構

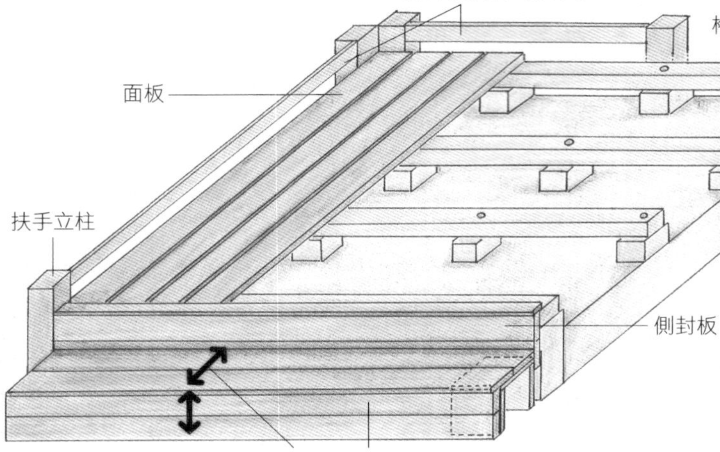
防摔落柵欄（扶手）
格柵墊木（兼用木格柵）
面板
柱礎（基礎）
混凝土露台
扶手立柱
側封板
踏面
踢面
樓梯

設置棧板的地點，若是混凝土或柏油路可省略不做基礎部分，但若是在草坪或土石路上，地基不穩會逐漸下沉，導致棧板傾斜。這種情況就必須整地固定礎基，並設置基座（混凝土平台等等）。此時請用水準器取得水平。

2 量測放樣

❶ 根據設計圖測量放樣

以住家為基準，測量出水平及垂直方向，定出棧板的中心。決定中心後量測棧板的大小，決定棧板基礎的位置。

接著，從中心線畫出基礎的位置。

首先，畫出棧板的中心線。

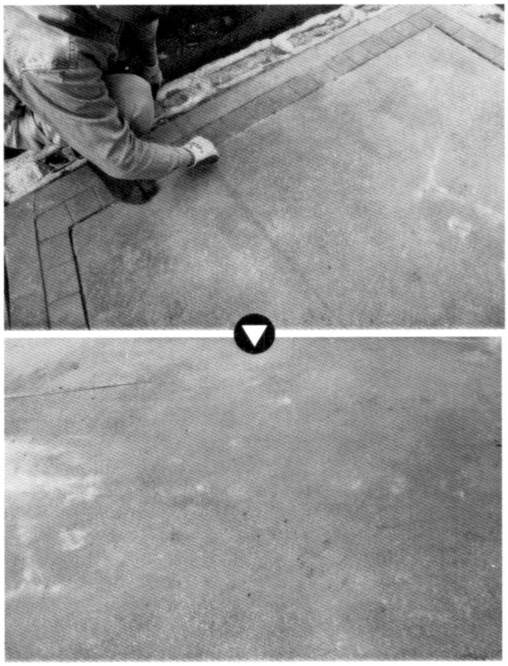

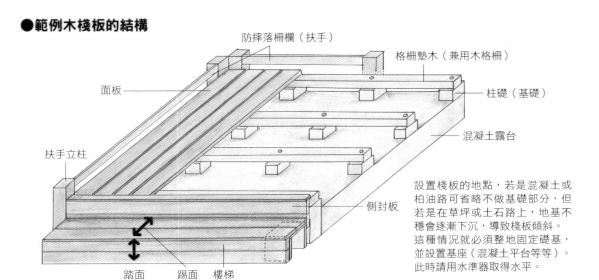

3 木棧平台的基礎準備

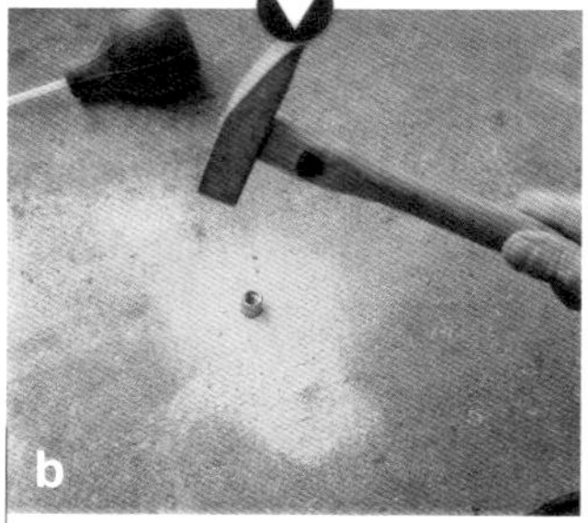

❶ 鑿出全牙螺絲用的洞孔

在基礎的位置鑿出全牙螺絲用的洞孔以插入錨栓。

❷ 插入全牙螺絲

把全牙螺絲插入錨栓，削切成符合基礎的高度。此時，也須取出全牙螺絲的水平。

❸ 製作基礎用型模

根據基礎部分的高度製作基礎用型模，以基礎的全牙螺絲為中心擺放上去。

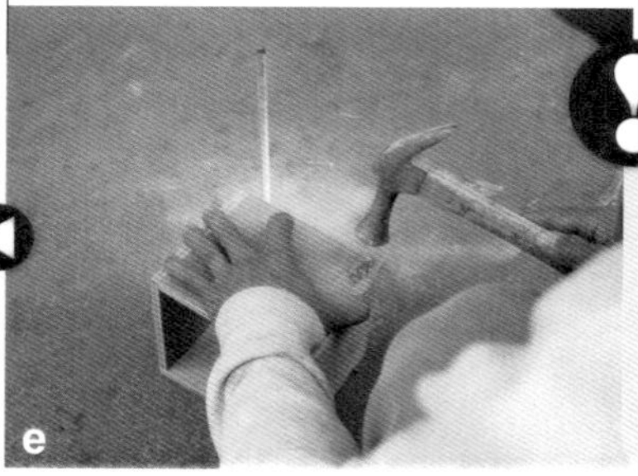

POINT

混凝土凝固後會拆除型模，所以型模只要不會移位變形即可。釘子不要釘死，以便拆解。

❹ 倒入混凝土

替所有全牙螺絲安裝墊圈，將混凝土倒入型模，止於墊圈位置。

❺ 完成基礎製作

混凝土乾燥後，拔除型模就完成基礎製作。

4 設置格柵墊木（兼用木格柵）

a

b

c

❶ 準備設置格柵墊木

把格柵墊木先放在基礎旁邊，然後量測出基礎的位置，再鑿出可穿過全牙螺絲的洞孔。

❷ 設置格柵墊木

用螺栓固定格柵墊木與基礎，然後把全牙螺絲切割成符合格柵墊木的高度。

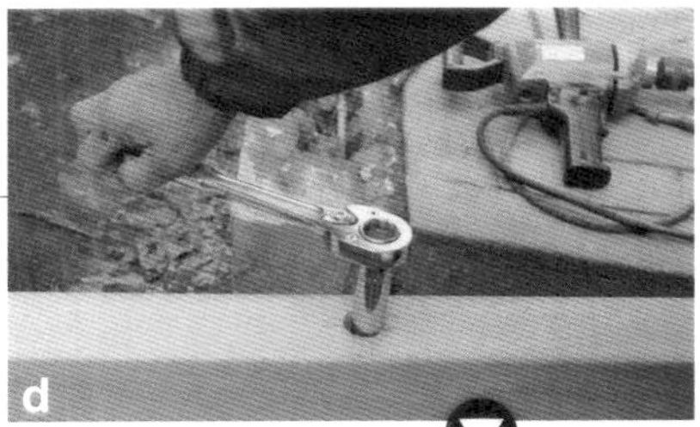
d

e

f

g

格柵墊木安裝完畢。

●在格柵墊木上鑿洞

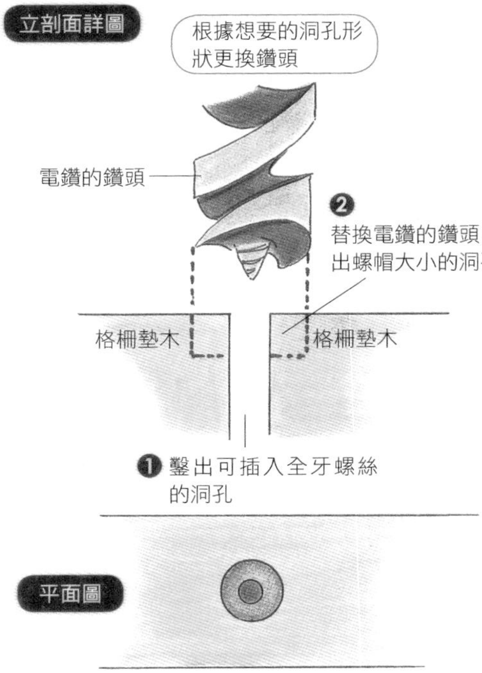
立剖面詳圖
根據想要的洞孔形狀更換鑽頭
電鑽的鑽頭
❷ 替換電鑽的鑽頭，鑿出螺帽大小的洞孔
格柵墊木
格柵墊木
❶ 鑿出可插入全牙螺絲的洞孔
平面圖

●在格柵墊木上安裝全牙螺絲

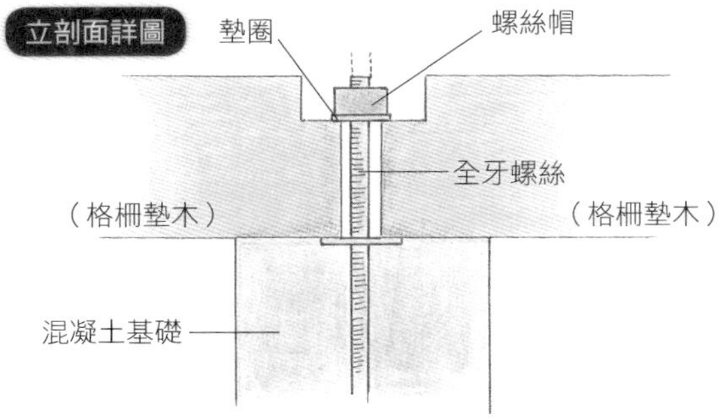
立剖面詳圖
墊圈
螺絲帽
全牙螺絲
（格柵墊木）
（格柵墊木）
混凝土基礎

5 鋪設面板

❶ 準備面板材料

將面板橫跨在格柵墊木上排列。

❷ 鋪設地板

從靠近住家的這一側開始鋪設，這樣收尾比較容易。

POINT

為了維持等間隔的接縫，塞入與接縫寬度相同的板子有助於作業進行，也可讓接縫寬度一致。

❹ 安裝側封板

為了不讓格柵墊木外露，裝上遮蔽用的側封板。

❸ 調整格柵墊木

面板鋪設到一個程度後，確認整體長度並切掉格柵墊木多餘的部分。

❺ 地面的潤飾作業

面板鋪好後，修飾地板兩端、微調邊緣部分。

便利的工具

測量放樣時很好用的墨斗，水線上沾附有粉墨。

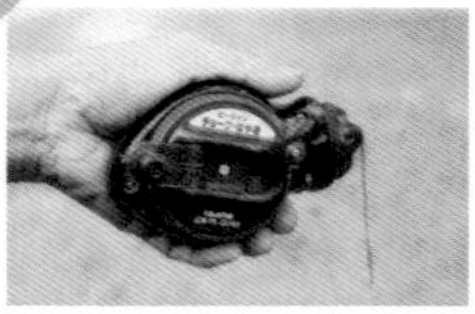

① 在想要做記號的地方，安裝綁水線的鉤子。

② 彈水線做上記號。

6 修飾作業

❶ 準備設置防摔落柵欄

為了設置防摔落柵欄，挖掘豎立立柱的洞穴。

一邊維持水平，一邊將扶手立柱埋入洞穴裡。

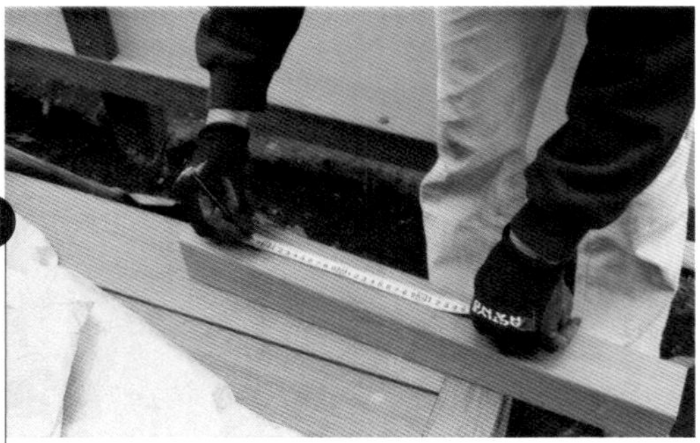

❷ 設置扶手立柱

測量預定完成高度（地上部分）加上埋入高度。

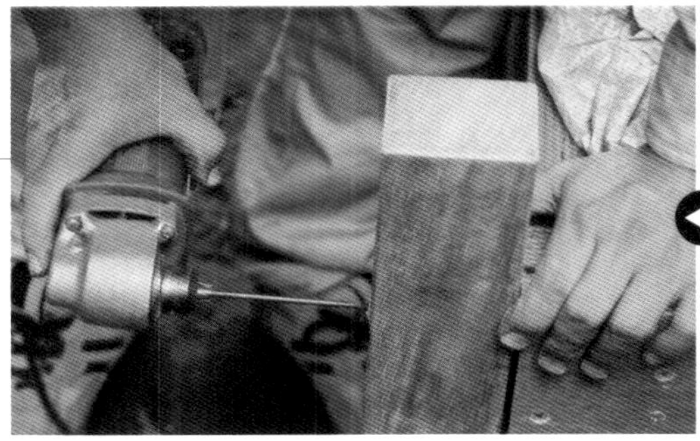

一邊維持水平，一邊用釘子將扶手立柱固定在板材上。

專家的建議

用電鋸把柱子邊角修磨成倒圓角，撞到時也不易受傷。

❸ 設置防摔落柵欄（扶手）

柵欄（扶手）除了防止摔落，也可根據遮蔽性或作為曬棉被等用途而調整高度及設計。

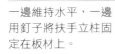

完成基礎設置。

根據踏板寬度決定基座的數量。
本案例是以間隔 30cm 設置。

④ 設置階梯基座

測量完成後的棧板高度，根據踢面決定階梯數量。接著再決定階梯深度（踏面），設置踏面用的基座。

用釘子把踏板固定在基座上就完成了。

⑤ 製作階梯

用釘子把側封板固定在基座上，把基座遮起來。

專家的建議

樓梯的尺寸（住宅用），踢面在 23 公分以下，踏面在 15 公分以上。然後，從側面檢視斜度，以 45 度上下最為理想，若樓梯有斜度時，建議搭配設計扶手。

7 木棧平台施作完成

供給水工程

水栓設置

要替植物澆水或是在庭園戲水，就必須要設置水栓。只要活用現有的自來水管線，就能替庭園增添畫龍點睛之妙。

供水工程的檢查重點

●注意配管

把既有水栓重新加工為直立式水栓，設置時務必留意給水管。給水管大多會接在水龍頭上，因此也可能碰到無法深挖的情況。若要在這類場地獨立設置水栓時，必須用混凝土加以固定。

●考量排水方法

只留意設置水栓，待工程結束後，很容易會忘記排水處理工作。因此若是作水栓時，也別忘了施做排水系統工作。

●供水作業的注意事項

■使用PVC（聚氯乙烯）硬質管接合專用的接著劑：隨便接合PVC管會導致漏水，PVC管插入後，兩管接觸部位務必用接著劑沾附後再予以固定。

■留意水龍頭的尺寸：選購水龍頭時，務必符合水栓的止水閥口徑尺寸，或是螺絲的牙距。國外的古董製品雖然精緻，但可能與止水閥口徑不合，必須格外留意。

■螺絲部分用止洩帶纏繞包覆：水龍頭等處的螺絲也是，並非轉緊就結束了，必須在螺絲上纏繞止洩帶，以防漏水。

止洩帶不具黏性，纏繞時往螺牙間隙密合旋入即可。

範例

庭園水槽設置

嵌入式撒水栓雖然也可設置水管，但是使用上限制較多。在此將介紹重新設置水栓的給水、排水管基本作業。

完成圖

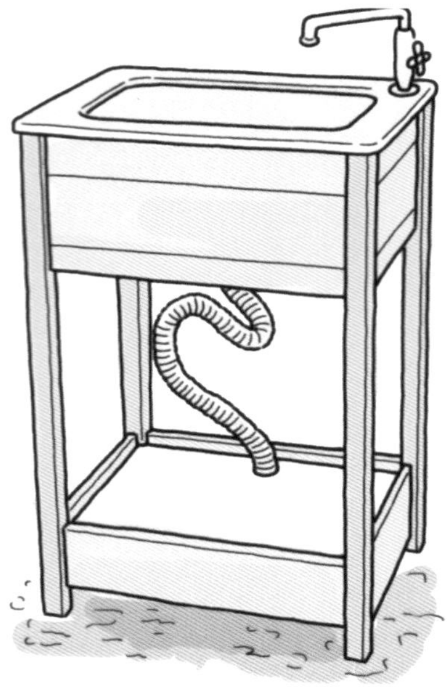

作業的流程

1 自來水管配管
2 設置水槽
3 潤飾作業
4 完成

使用的工具

- 量測工具：捲尺、木工角尺、水準器
- 作業工具：圓鍬、PVC管切割器、研磨機、鋤頭、電鑽
- 清潔工具：掃帚、抹布

使用的材料

- PVC管的配管材料、花園水槽、止洩帶、PVC管接著劑

1 自來水管配管

這裡要注意！

配管的位置，之後多半會栽種樹木，或是用通路鎮壓溝槽上部，請挑選埋入後不會影響上述作業的地點。

① 沒有自來水管的地點，從配管工程開始進行

確認排水陰井或雨水陰井埋在地下的導水管，決定從水栓到水槽設置處的給水管、排水管配置位置，挖出深度超過 10cm 的溝槽。

L 型轉彎處用彎頭水管轉接後，用專用接著劑黏合，然後配管至水槽位置。

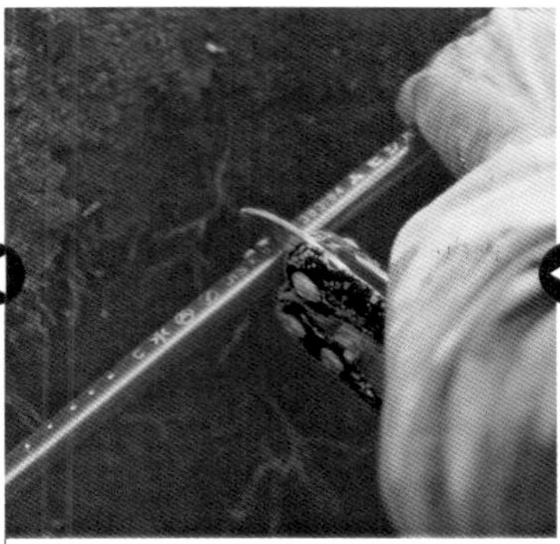

轉彎部分，使用 PVC 管切割器切斷。

② 配置給水管

以配管圖為基準，從出水口到水槽設置處，挖掘埋入 PVC 管用的 10cm 溝槽，暫時配置給水用的 PVC 管。

POINT

接合時請用專用的接著劑確實地黏緊。PVC 管若被水弄濕會影響接著效果，故務必仔細拭乾。

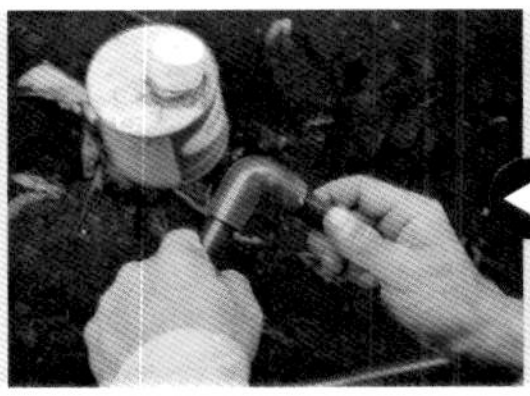

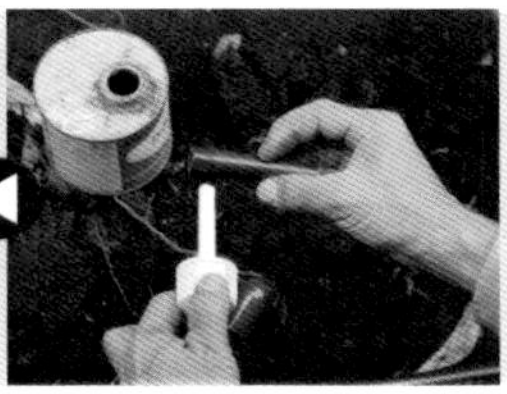

●水槽的配管圖

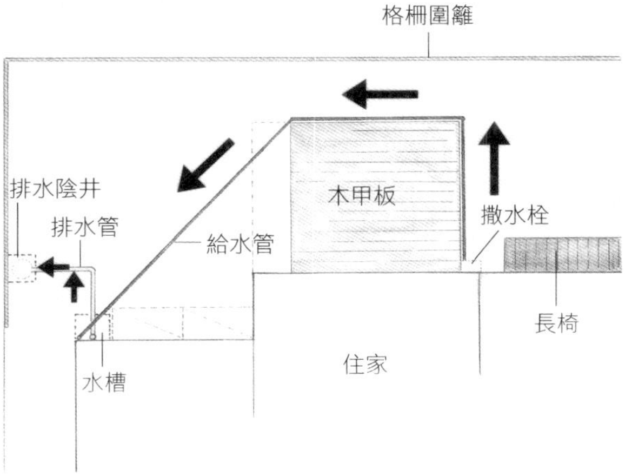
格柵圍籬
排水陰井
排水管
給水管
木甲板
撒水栓
長椅
住家
水槽

③ 配置排水管

排水用的 PVC 管，從水槽的排水口配管至排水陰井。

專家的建議

現時階段，PVC 管還不要回埋土壤。之後為了確認與水龍頭銜接處是否會漏水，可能還需要挖起來檢視。

2 設置水槽

① 試著在設置處擺放水槽

在設置處預先量測水平設置水槽。

比照給水用 PVC 管挖掘溝槽，暫時配置 PVC 管。L 型轉彎處的配管，一樣用彎頭轉接，讓水可以流到排水陰井。

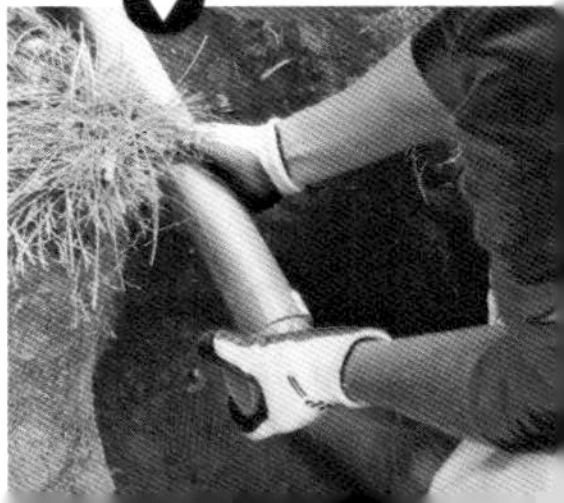

與給水管的接合處纏繞止洩帶。

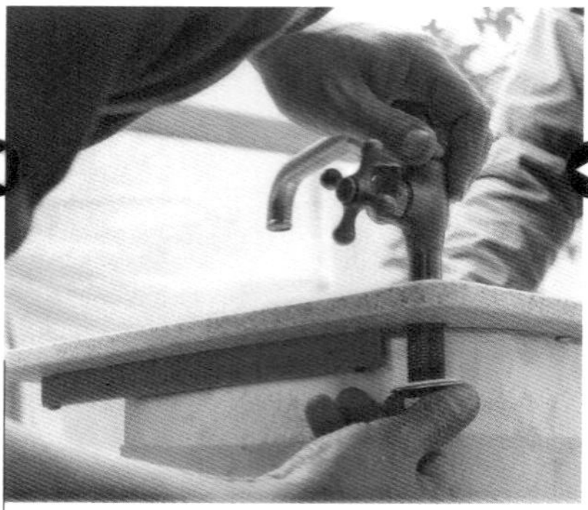

鎖緊零件以免漏水。

② 安裝水龍頭

安裝好且檢測沒有漏水即可鎖緊零件，與給水管接合處纏繞止洩帶，避免出現縫隙而漏水。

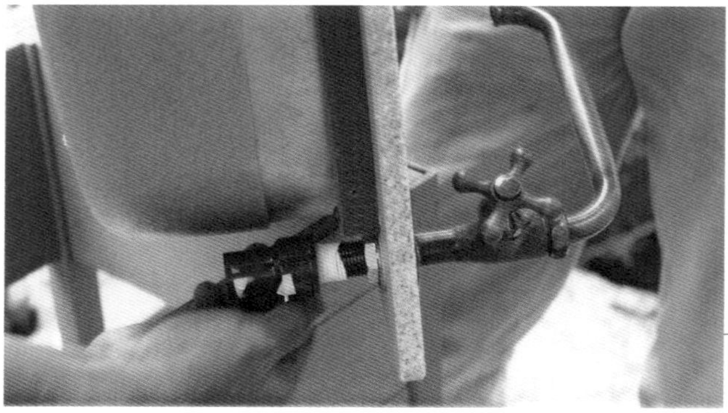

③ 安裝止水閥

把止水閥安裝在給水管的安裝處，纏繞止洩帶以防漏水。

4 完成！

3 潤飾作業

① 水槽接上給水管、排水管

接好後開水龍頭，確認出水狀況。

POINT

出水時，確認給水管接合處是否漏水。若沒有漏水，才可進行 PVC 管的埋管作業。

② 埋填 PVC 管

回填土壤時一邊填平表面，一邊往雨水陰井及花圃做出坡度。

簡易供排水設施

庭園與植物一樣會經年變化。用水地點也可配合需求移動位置，或是重新整修。在此介紹簡單的基本供水作業。

改裝成雙頭水栓

使用需求增加時，在單一地點安裝雙頭水栓會很方便。

現狀

① 拆除現有水栓。

② 安裝雙頭水栓。

在排水陰井設置排水管

絕對不可忽略排水部分。在此將介紹通往排水陰井的排水管簡易安裝作業。

① 根據排水陰井的排水管寬度，用研磨機切割，然後鑿出洞孔。

② 把 PVC 管裝在排水陰井上。

雨水陰井

不可流入洗劑（只限雨水跟水）。可設置排水管。

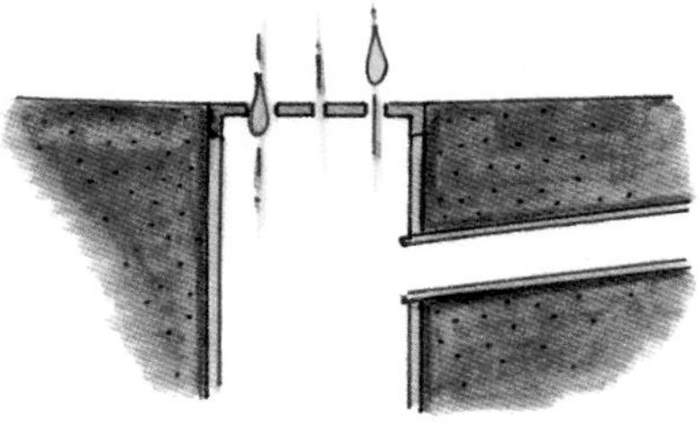

汙水陰井

會飄散臭味，影響衛生層面，不可讓一般人觸碰。

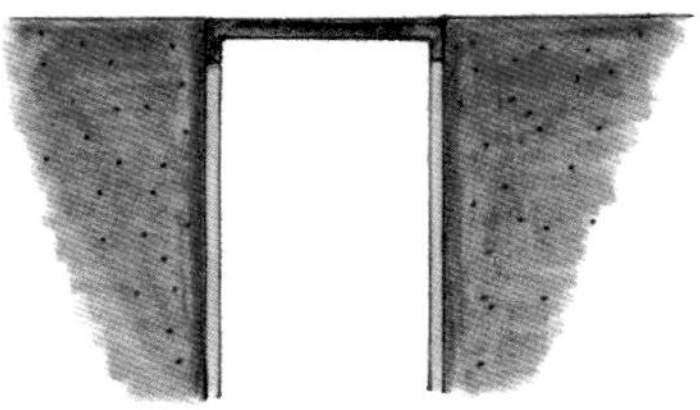

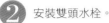

動手做做看！！

用枕木 設置供水栓

為了讓現有的嵌入式水龍頭變得更容易使用，這是一個重新用枕木墊高翻修的案例。如此開關水龍頭時就不需要彎腰，可以減少身體負擔。

❶ 在設置地點周圍進行挖掘作業時，請避免傷到既有的 PVC 管，謹慎地用圓鍬慢慢插入挖掘。

❷ 壓實水栓周圍，用夯實工具把表面整平。接著決定水栓的整體高度以及水龍頭的位置。

❸ 在枕木量測位置進行切割。

這裡要注意！

枕木硬實不易切割。另外，有的枕木可能會插有釘子，因此使用電鋸等電動工具時需格外小心。

❹ 安裝水龍頭的部位，先在給水管插入處鑽洞。

❺ 刨出置放 PVC 給水管的溝槽。刨削部分作記號，用圓鑿刀挖出溝槽，溝槽內側用鑿刀等工具挖鑿。

6 接上給水管。PVC 管接上彎頭後的長度，切割成符合溝槽的長度。

7 PVC 管穿過枕木洞孔。

8 設置水龍頭。

9 讓枕木的寬度與 PVC 管的溝槽深度相符，然後將 PVC 管安裝在水龍頭栓上。

10

與地面垂直，維持水平地豎立枕木水栓。

11

基部確實回填土方固定。

12 完成

打造庭園水池

庭園引入水池，可享受愜意綠景、舒適水聲的靜逸氛圍。水流讓人感到神清氣爽，舒適的水聲也具有消弭都市喧囂的效果。

景觀水池與水景裝飾物

打造池塘須符合庭園風格。日式庭園可利用石頭打造自然風池塘，再現仿照山川等自然姿態的風景；西式庭園用磁磚和磚塊打造明亮的人工池，與噴水裝置及裝飾品一體成形。

我們也可以根據庭園風格及喜好，混搭各自的特徵，打造中西合璧的庭園。

●防水襯墊池塘

使用PE成型池體或防水襯墊（防水布），即可輕鬆打造池塘栽種植物、賦予水流聲及配置幫浦或燈光，如此可讓水池庭園更臻完美。

●生態水池

把自然帶進庭園的方法就是，打造接近自然生態的庭園。除了具有觀賞功能之外，更能追求與野生生物共存的自然庭園，而且草木也可恣意生長。但是，為了避免日後陷入難以管理的窘境，一開始請務必確實地擬定設置計畫。

●壁泉

從獅子等裝飾物體湧出的水流，水聲舒適悅耳，即使空間狹小也可打造的水景庭園。緩緩滴落、水流泉湧等各種形式，請發揮巧思享受箇中樂趣。

●竹筧敲石

日式庭園中展現水流意境的裝置。也稱為逐鹿、僧都，原本是用來驅趕鹿和野豬的裝置。

藉由水的力量，享受竹筧敲打在石頭上發出的咚咚聲響。聲音大小、聲響間隔，是設計時的考量重點。

塑膠製品水池體

塑膠容器水缽

生態水池

竹筧敲石

磚砌壁泉

範例 防水布工法的生態池

利用防水襯墊打造的池塘，不僅形狀自由多變，且日式、西式風格皆可行。場地狹小也可製作是其優點。根據池塘大小也可使用幫浦。

作業的流程

1 決定池塘形狀及大小，然後挖池體

2 鋪設襯墊，擺置庭園景石

3 栽種水岸植物

4 完成

使用的工具

- 作業工具：尖鏟、剪刀、手鏟
- 清潔工具：掃帚、棕刷

使用的材料

- 土（荒木田土）、防水襯墊（厚）、石頭（大、小）、植物

完成圖

1 決定池塘形狀及大小，然後挖池體

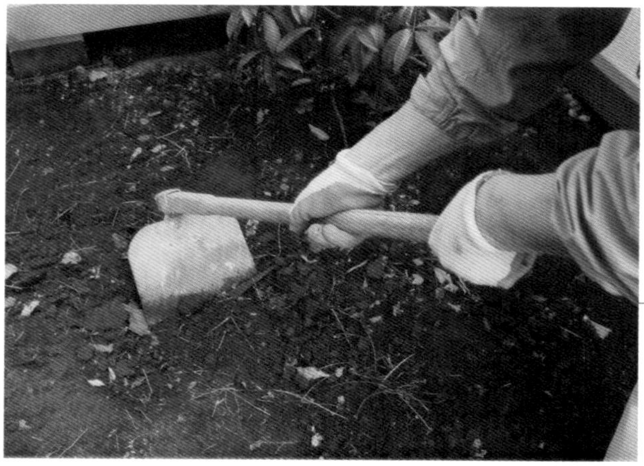

① 池塘設置地點進行整地

一邊思考庭園整體的景色，一邊決定池塘打造地點的大小，去除不必要的雜物，確實整地。

POINT

自己先預想深度，再挖出比這個深度再深 10cm 的洞。

② 挖掘洞穴

思考池塘周圍設置庭園景石的寬度，再挖出比完成預定尺寸大一點的池體。

●範例防水襯墊的池塘結構

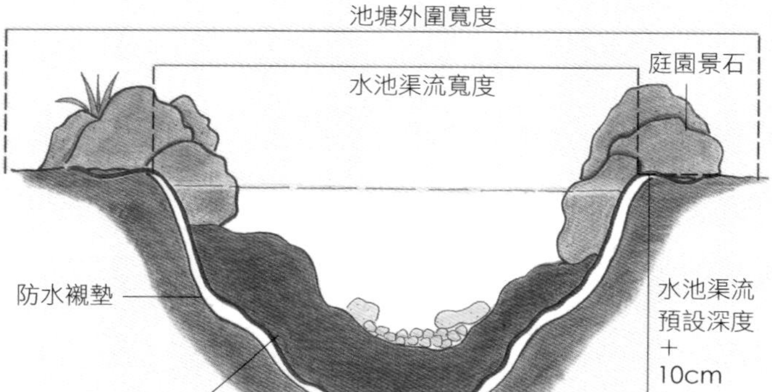
池塘外圍寬度
水池渠流寬度
庭園景石
防水襯墊
壞土層
水池渠流
預設深度
+
10cm

剖面圖

2 鋪設襯墊，擺置庭園景石

❶ 鋪設防水襯墊

鋪好防水襯墊後，先用周圍的土壓住邊緣。

POINT

若先在周圍擺上石頭，襯墊積水部分會變淺，鋪設襯墊時或多或少會出現皺褶。

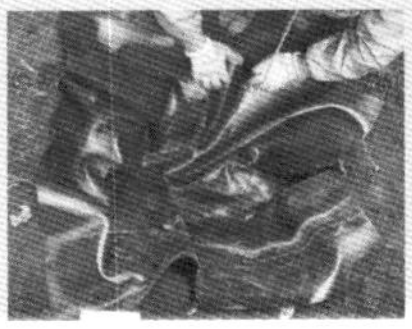

❷ 組合擺置庭園景石

擺置庭園景石並非中規中矩地排列大石頭，而是靈活搭配組合大石頭、小石頭、或是立起來的石頭。

POINT

石頭穩定性欠佳時，可塞入小石頭使其更穩固。

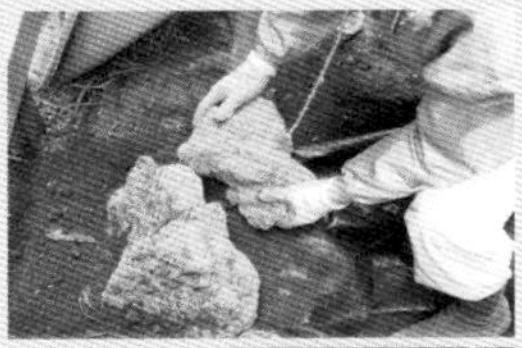

石頭與石頭之間有空隙時，可填塞土壤。

❸ 固定景石

把土往石頭外側堆積，同時用棍棒壓實固定。

這裡要注意！

小心別讓景石或棍棒弄破防水襯墊。

景石擺置完成

3 栽種水岸植物

❶ 塑膠墊上面填放壤土

植物種好時還會再覆土，所以目前先不要放太多土。

❷ 整理形狀

用壤土固定小石頭，打造彷彿自然生態的景色。

POINT

栽種時為了固定種苗，請一邊在周圍填放土壤一邊栽種。

❸ 栽種植物

池塘較深的地方可種浮水性植物，積水的傾斜處可種挺水性植物，水面及石頭間則種植水岸濕地植物。

7 完成！

加水注滿水位就完成了。

範例栽種的水岸植物

三白草、白鷺莞、木賊、矮慈姑、燈心草、香蒲、石菖蒲

範例 防水布工法的流泉池

池塘水面映射出周圍景色，演繹出生動立體的庭園。進一步賦予水流，可同時欣賞動態與聲音，讓庭園富含變化更添趣旨。

作業的流程

1 設置地點整地作業
2 鋪設防水布
3 設置砌作緣石邊框
4 種植植栽
5 完成

使用的工具

- **作業工具：**圓鍬（長或短的）、平土器、鋤頭、剪刀、手鏟、夯實工具
- **清潔工具：**掃帚、棕刷

使用的材料

- 防水襯墊（厚）、緣石、水泥、河砂、客土（培養土也可）

完成圖

1 設置地點整地作業

① 設置地點整地作業

替大型場地整地時，使用長一點的木片替代為平土器有助於作業快速進行。

POINT

替整體進行微調時，用短一點的平土器進行比較方便。

② 震壓夯實

震壓夯實固定地面。

2 鋪設防水布

1 鋪設防水布

鋪設防水布時，起始端預留些許布料。

POINT

襯墊重疊部分約 10cm，並且確實地接合。

2 貼上防水膠布

接合處上方貼上防水膠布。

3 緣石與襯墊緊密接合

緣石的外側用混凝土填補縫隙，使其與防水布密合。

3 設置砌作緣石邊框

1 設置緣石

在設置地點一邊量測調整水平一邊設置砌作緣石。

專家的建議

進行微調時，為了分散力道，可墊塊木板再間接敲打。

③ 處理緣石的內側

在緣石內側的底部倒入混凝土。

④ 完成緣石邊框砌作

混凝土凝固後，邊框就完成了。

4 種植植栽

① 倒入植栽用土

邊框周圍覆蓋用土，以便配置植栽。

5 完成！

庭園水景的裝飾物

水流與池塘庭園，
能夠賦予庭園變化與生動表情，
但是打造正規的池塘是非常辛苦的作業，
若使用市售的嵌入式成型池，即可輕鬆實作。
另外，流水裝飾、立水栓、水龍頭等等，
用來裝飾水邊、增添趣味的各式物品也很豐富，
可以多加活用這些裝飾物品。

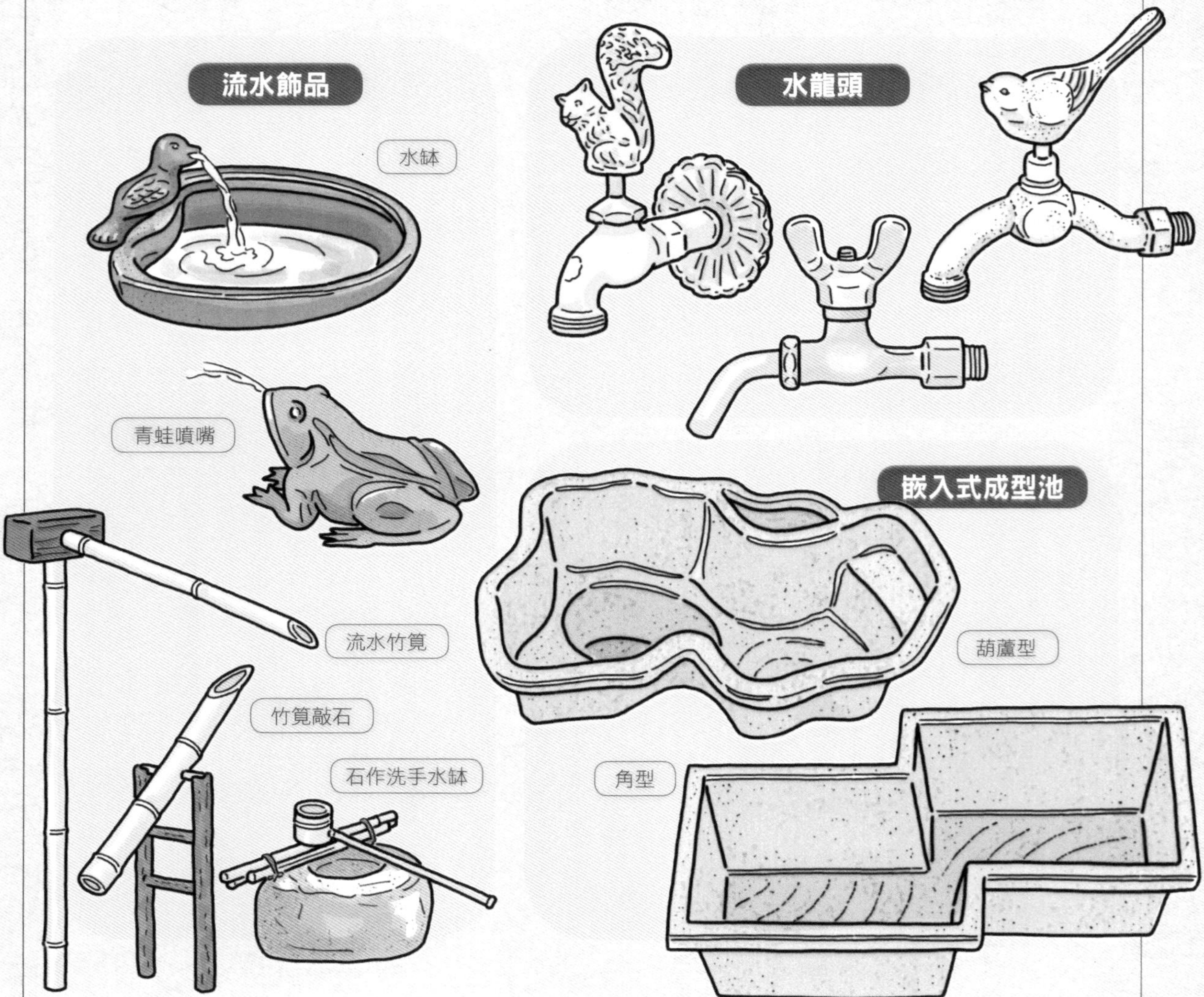
流水飾品
水缽
青蛙噴嘴
流水竹筧
竹筧敲石
石作洗手水缽
水龍頭
嵌入式成型池
葫蘆型
角型

PART 2

庭園景觀的 DIY 實例作業

庭園基礎整地作業

勘查庭園的基地條件

打造庭園之前，仔細檢查基地的面積、形狀、周遭環境、日照、通風、土質、給水管、排水管的位置等基地條件及環境資源相當重要。

1 勘查施工地點

●勘查庭園的面向與日照

日照除了深受建築物的配置等因素影響，也會隨季節而有所差異，務必了解不同季節的日照時間長短。另外也須事先確認通風狀況。這攸關種植之樹木及花草的未來生長是否良好，所以務必正確掌握清楚。

●勘查土壤與地質

土壤表面看似狀態不錯，挖掘時仍可能挖出混凝土的碎片或瓦礫、石頭、混凝土片、木根等殘骸。最糟的情況，甚至不得不把整片庭園的土替換「客土」。但是這樣做需要不少費用，因此至少必須將種植地點局部客土。

另外，也請檢查土壤是肥沃還是貧瘠，是砂地或是黏土質，再加以改良調整。

●勘查給、排水管的位置

給水管、排水管、汙水陰井、雨水陰井等位置及配管狀態，可能有無法變動的情況，這些因素也會影響庭園配置及植栽位置，務必先調查清楚。

●勘查住家周邊的環境條件

與鄰居的間隔如何？與圍牆、道路的關聯性？現有樹木及石頭是否可利用？同時也請留意庭園及住家周遭的環境條件，設法發揮環境條件特色來打造庭園。

從建屋階段就開始思考庭園造景

●栽培土壤好壞的判斷

把土弄濕後用力握緊。打開手掌後，若土壤成塊表示保水性好，散開則表示砂質多，保水性欠佳，但相對的排水會較好。

輕輕按壓土塊，容易弄碎的是適合培育植物的團粒結構好土，若持續維持土塊狀，則屬黏土質多的單粒結構，是排水性及通風差的不良土。

●施工場所的勘查重點

調查土質是否適合植物生長
調查日照與通風
調查住家周遭環境
調查給、排水管及雨水陰井等的位置

2 整地與土壤改良

●利用原有的肥沃表土

整頓住宅用地時，若原本的良質表土還殘存沒有流失，打造庭園前可將肥沃的土壤先移到其他地方置放，等到施工後也可與客土混合利用。

●利用既有的花草樹木

活用基地環境現有生長的花草樹木也是很好的方法。尤其是樹木及宿根性草本植物，其長成自然姿態需花費數年。與其全部買新的，不妨思考如何活用現有植栽。

●打造適合庭園樹及花草的土地

培育植物不可或缺的是需具備有適度保持水分、排水良好、通風性佳可讓根系充分呼吸的好土。若是下雨淋濕會變黏、乾燥後會結塊的土壤將無法提供植物良好的生長。

砂質土或黏質土，可加入足夠的腐葉土、堆肥、赤玉土、黑土加以調合，使其變成鬆軟的栽植用土。

實例

基礎土方篩選清理

打造庭園的首要作業。雖然麻煩，但還是得把土中的碎渣去除，好讓接下來的作業順利進行。

❶ 除了必須去除的建築廢物、大石頭，一邊整平地面，一邊將埋在裡面的石頭、木根等碎渣確實地去除。

❷ 大型的雜草，徹底連根拔除。

❸ 接著用濾網仔細地過濾去除小石頭。

❹ 用耙整平表面，去除細小垃圾。

3 清除表土碎渣

在建地中用堆土機反覆挖掘，把下層的黏土與砂礫混雜的土或砂土等翻出地表，經常會發現有混凝土碎片等建築廢物埋在其中。這些埋在土中的石頭、混凝土碎片、草木根等，稱為「碎渣」。

打造庭園的整地作業，第一步就是去除碎渣。這項工作雖然相當耗費勞力及時間，但卻是省略不得的必要作業。仔細確實地處理，有助於日後作業的順利進行。因此在新建住家的庭園打造，或是要在長時間未栽種植物的場地打造庭園時，千萬不可忽略此項作業。

4 清除雜草的對策

雜草會掠奪所栽種植物的營養及水分，生長過於茂盛會妨礙通風及日照，甚至變成病蟲害的孳生源。雜草若置之不理會逐年擴增。雖然也有除草劑可以使用，但是盡量不要仰賴藥劑，最好是使用除草工具或徒手從根部完全拔除，如此對環境也較為友善。

雜草通常生長快速，一旦過於繁茂會很難處理。雜草的對付訣竅在於一發現就盡快根除。在日照良好處打造的草坪，請務必勤加拔除雜草。

若與田地相比，草坪的雜草雖然比較少，但也有近百種左右。為了保持草坪的美觀，除草是一項相當重要的作業。

實例 拔除雜草作業

為了讓草坪常保美麗，除雜草非常重要。雜草趁幼小尚未繁茂前連根拔除，會比較容易。

① **使用除草工具除草**

把除草鐮刀的刀刃尖端插入草的基部，連根切除。

② 使用草坪專用的除草器。

從草的上方確實插入。

一邊旋轉即可把草連根拔起。

5 整地作業

重視景觀的觀賞用庭園、草坪庭園、或是享受樹木及花草栽種樂趣的庭園、小孩玩耍的庭園、種植蔬菜水果的庭園，為了打造各種目的不同的庭園，去除碎渣後就須將地面整平。

整地作業也須將排水坡度做好，這樣樹木及花草也可良好生長。而且對於庭園道路及小徑的鋪面、露台、設置庭園家具等作業也會較為輕鬆，最後的成果也會更加賞心悅目。

實例 草坪補土整平作業

整地是否確實，將左右庭園打造的成果。

① 除了要替庭園刻意營造起伏的景觀之外，其餘的表土可用耙子把表面整平。

若有土塊可用耙子背部敲打弄碎。

② 大略用耙子整平後，再用平土器仔細微調整地。

專家的建議

狹小場地用小型平土器較容易整地平順。小型平土器是寬度 10 ～ 20 公分左右的板子，一邊切割成銳角，可把土集中而且單手也可使用。

實例

植栽基盤土壤改良

讓庭園植物健康生長的重點在於整地。土質好壞直接影響植物的生機，請務必重視及改良。

1 中耕鬆土及整平表面

❶ 挖起約 30 公分深的表土，讓土壤充分翻鬆。這時請一邊去除石頭、草根等碎渣，一邊檢視土壤狀況。

❷ 用耙子去除小石等碎渣、弄碎土塊、耙平表面。

2 改良調整土壤質地

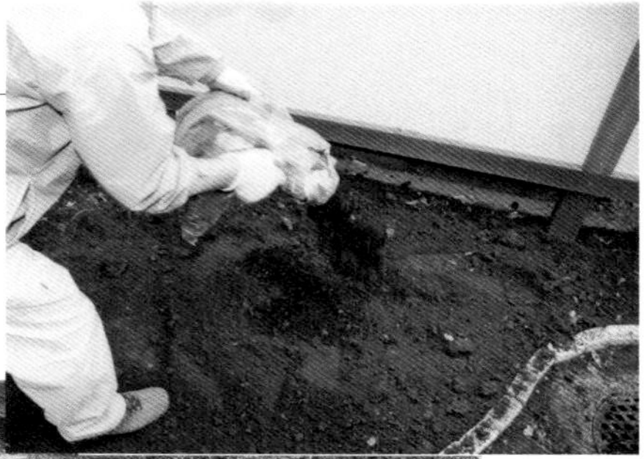

❶ 表土面整平後，鋪上大量的完熟腐葉土或堆肥。

❷ 為了改良土壤的酸鹼值，適量撒佈珪酸鹽白土拌合。

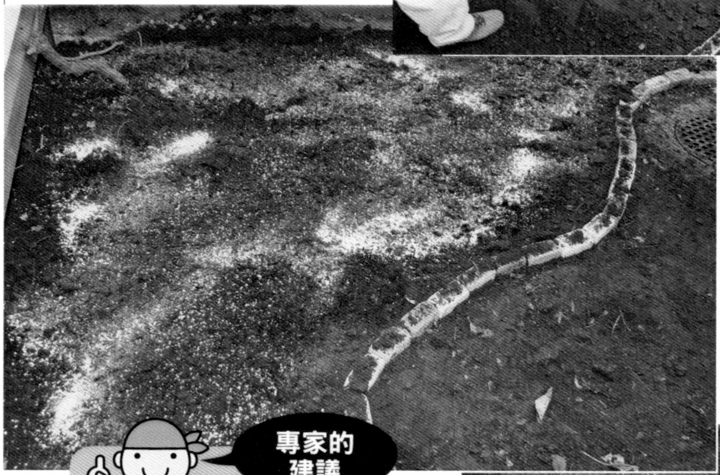

❸ 用耙子使其與土充分拌合均勻同時整平表面使之平順，如此整地作業就完成了。

專家的建議

珪酸鹽白土，具有吸水會膨脹、變乾會收縮的特質，因此是排水性差的黏土質、排水性佳的砂質場地最適合的土壤改良劑。

庭園泥作與混凝土澆灌作業

水泥與混凝土的作用

水泥與混凝土，兩者都是庭園營造不可或缺的素材。在池塘、露台、磚塊花圃會經常用到。混凝土常用於建物地基、車棚等必須提升強度的地方。

砂漿的強度不如混凝土，除了用作疊砌磚塊時的接著材料，也可用來保護及美化潤飾混凝土表面。

砂漿及混凝土都是以水泥為基本材料，可由水泥加上河砂與水調製而成，再加入碎石就變成混凝土。

混凝土若不仔細調拌均勻，完成時砂子與碎石會不均勻，導致強度變低。因此充分攪拌後盡快澆灌也很重要。若攪拌後過段時間再加水攪拌，此將會讓強度下降。

●水泥與砂的比例

水泥是粉狀物，通常會裝在包裝袋中。一般所賣的是「波特蘭水泥」，它是細粉碎的石灰石、黏土、氧化鐵調和成的粉末，能在水中凝結成塊而成水泥。

水泥與水調和會引發化學反應（水和反應），伴隨時間經過後會凝固，而增加強度。一般使用適量的水是35%，可根據使用目的來增減水量進行攪拌。

●水泥與砂、碎石、水的調配比例

混凝土
セメント
水泥：1
砂：3
碎石：3
水：整體約30%
水泥砂漿
セメント
水泥：1
砂：3
水：3

水泥與混凝土的調製方法

1 水泥與砂乾拌

攪拌水泥若讓手直接接觸處水泥會讓手變粗糙，建議戴上橡膠手套工作。若有攪拌水泥專用容器或工具，會讓作業更容易進行，倘若是一般家庭使用，水桶和鏟子也十分合用。

容器中加入依比例分配的水泥及砂，使用鏟子充分攪拌，這樣的作業稱為「乾拌」。若是混凝土，則再加入碎石充分攪拌即可。

2 加水攪拌均勻

接著再加水充分攪拌。這項作業稱為「濕拌」，水慢慢加入攪拌是訣竅所在。攪拌也要翻起底層，使其充分調和。

充分濕拌時還須根據天氣及砂的乾濕度增減水量。砌作使用時稍微硬一點，倒入型模使用時則偏軟一點使其容易流動，會讓作業進行更順利。

3 工具使用後的清潔

攪拌器具或鏟子等工具使用後，應在混凝土及砂漿未乾時，用洗車刷和水盡快沖洗乾淨。

水泥擁有在水中也可維持固態的特性，因此若用水沖到排水溝中將會阻塞排水管。因此應在庭園角落這類不會造成妨害的地方挖洞，再沖刷至其中。

另外，洗過的工具請充分乾燥，並塗上防鏽材料以防生鏽。

●攪拌方法與硬度（砂漿的基本調製法）

砂漿的調配標準比例是水泥 1 比砂 3。水泥偏多，表面會出現龜裂現象，反之偏少的話，會導致強度及接合能力下降。
砂漿的硬度差不多以耳垂硬度為基準。濕拌後用鏟子鏟起，鏟子傾斜時會滴滴答答地滴落表示過軟。不會落下的程度則為佳，若過軟可加砂重新攪拌。另外，一次不要製作太多，作業過程中有需要再調拌，製作用得完的量是訣竅所在。
已經拌合好的乾拌水泥砂包裝品雖然價錢比較貴，但利用預先調好水泥及砂，只需加水攪拌即輕鬆可用，會很便利。這些在五金建材店都買得到。

1 將水泥與砂倒入砂漿桶或水桶中，用鏟子或鏝刀乾拌後，再慢慢加水濕拌。

2 用鏝刀鏟起攪拌成接近耳垂硬度的砂漿。

3 疊砌磚塊時的砂漿硬度，以傾斜 45 度持鏝刀時也不會落下的程度為佳。

實例 水泥砂漿拌合

市面上也有販售水泥與砂已調合、加水即可使用的家用砂漿。充分攪拌是調製砂漿的要點所在。

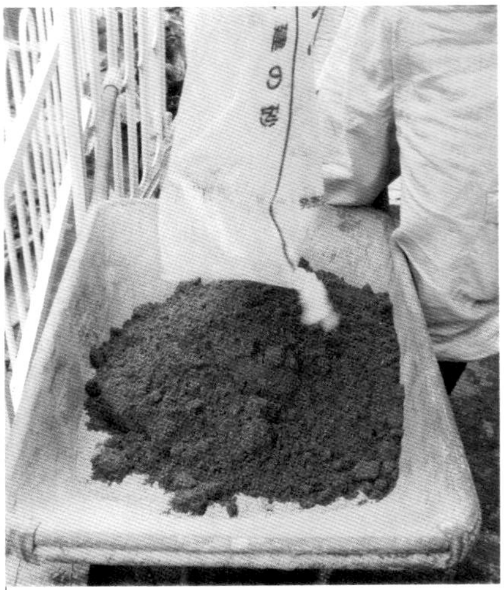

❶ 倒入砂，再加入水泥。

❷ 用平鏟細心地替水泥與砂進行乾拌作業。

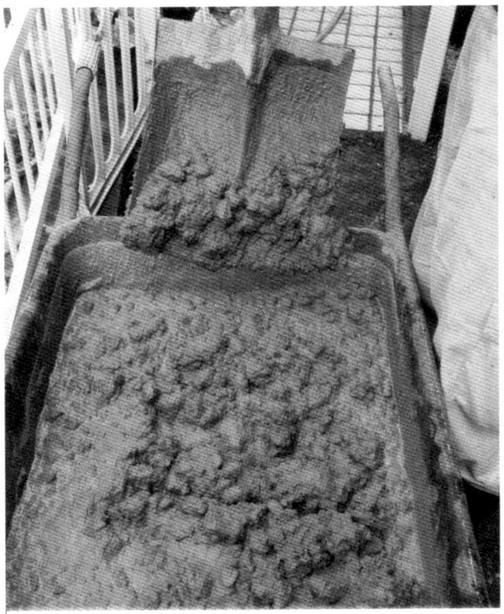

❸ 不管是製作混凝土或是砂漿，都必須慢慢加水並從底部翻攪，仔細地調和攪拌均勻。

●製作混凝土

製作混凝土時，❷的水泥及砂調和後再加入砂礫，然後進行乾拌作業。

專家的建議

砂漿與混凝土，製作過量屆時處理剩餘物會很麻煩。請製作必要的量即可。

●工具使用過後的處理

攪拌工具趁未乾時用水盡快沖洗，沖刷下來的水，在庭園角落挖洞使其流入其中。

鏝刀的種類與使用方法

鏝刀是使用混凝土及砂漿時不可或缺的工具，例如用砂漿疊砌磚塊時就少不了鏝刀。根據用途區分許多種類，而且價格也很便宜，不妨準備多種備用。

●各種鏝刀

■桃形鏝刀：攪拌或裝盛砂漿時使用。為了盛裝較多的砂漿，而呈現圓弧桃子型，也可取代水泥匠使用的手拌板。若一次盛裝一定需求的量，可以省去填縫時的備料時間，讓作業更輕鬆。

桃形鏝刀有大、中、小3種尺寸，請挑選順手的來使用。

■勾縫鏝刀：疊砌磚塊或混凝土塊時，用來替接縫處填入砂漿、整平、剔除及整理灰縫時使用的棒狀鏝刀。請根據灰縫寬度挑選，基本常用的是0.9公分寬的款式。建議挑選有利細小作業進行的長度，過長的話也可用研磨機切割後使用。

■菱形鏝刀：刀刃符合混凝土塊長度的三角形鏝刀。容易盛裝定量的砂漿及做出漂亮的磚縫。不只是混凝土塊，疊砌磚塊時也很好用。中尺寸的規格會較容易使用。

■其他鏝刀：弄平或塗抹砂漿時使用的船型鏝刀或木鏝刀。刀刃部分用木頭製成的稱為木鏝刀，重量輕，用起來比較省力。沾水後使用，會讓完成的表面變光滑，若未沾水則會使表面有粗糙狀。

●鏝刀的種類

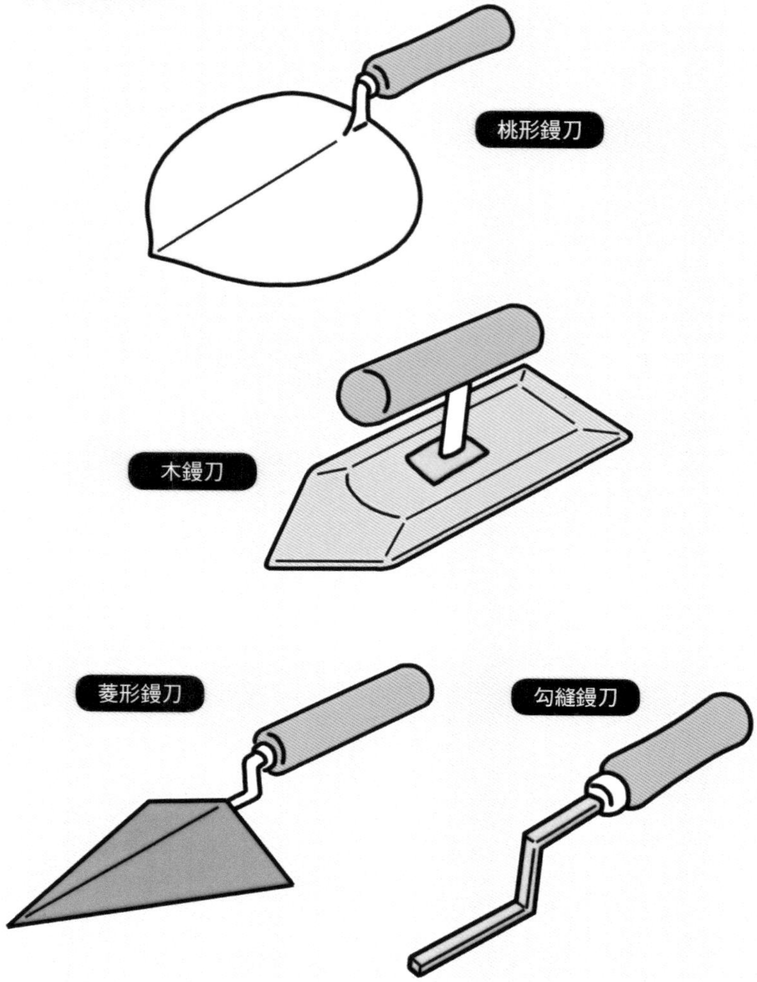

●鏝刀的使用方法

用木鏝刀塗抹牆壁

用木鏝刀刮取手拌板上的砂漿，由下往上塗抹開來。

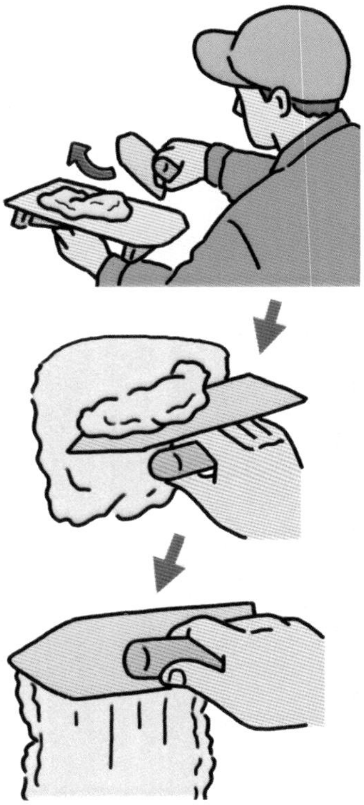

用桃形鏝刀砌磚

每次都能盛取定量的砂漿，塗抹在磚塊上。

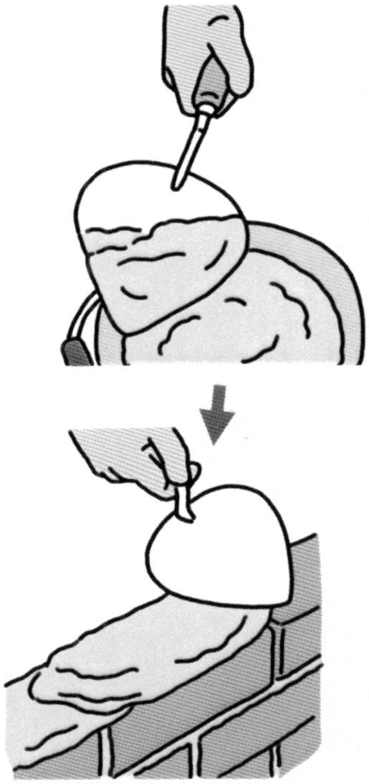

用勾縫鏝刀處理磚縫

去除溢出的砂漿（上），壓實灰縫使其密實美觀（下）。

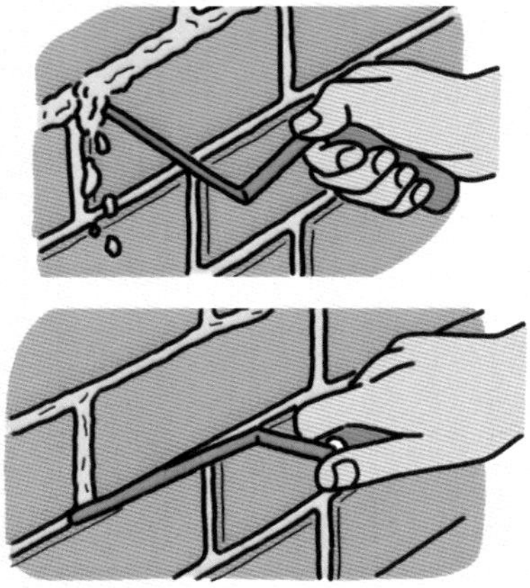

使用滾筒

塗抹面積較大時，使用滾筒會更有效率。

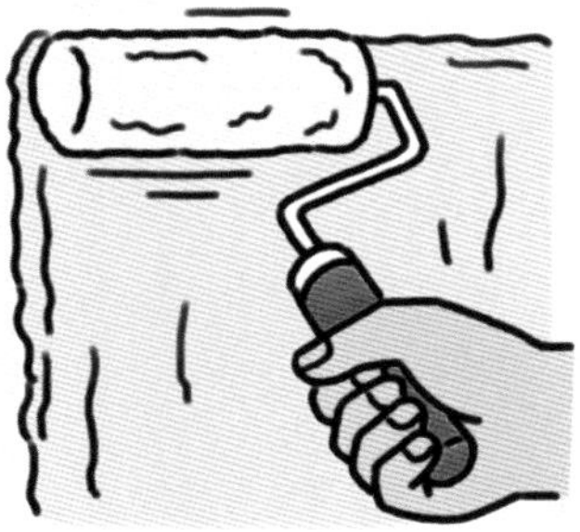

●用塑膠袋取代鏝刀

即使沒有鏝刀，如果只需要疊砌少量的磚塊，也可利用塑膠袋。

比照做蛋糕時擠生奶油的方式擠出砂漿。砂漿調軟一點，會比較容易使用。

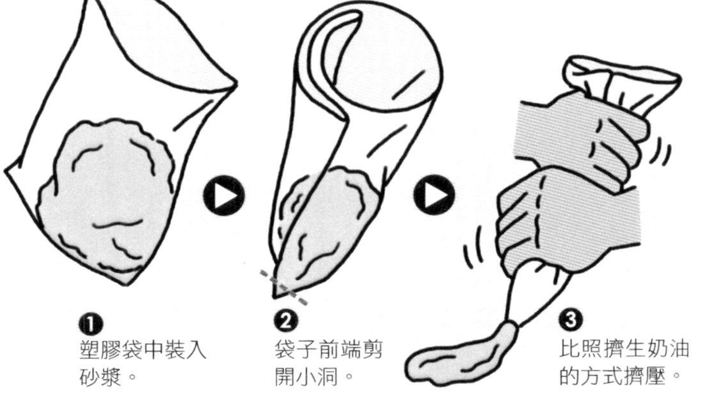
❶ 塑膠袋中裝入砂漿。
❷ 袋子前端剪開小洞。
❸ 比照擠生奶油的方式擠壓。

庭園景觀木工作業

庭園是另一個客廳。桌子、椅子這些庭園生活所需的物品，也可親手打造。

透過手作木工
變身為完美庭園

如果只是單純種植樹木及花草、疊砌磚塊打造花圃、道路和露台，並不算庭園造景。

把庭園當作另一個客廳，在草坪或露台上擺設桌椅，打造與親朋好友相聚放鬆的休憩場所，這樣才是一個完美的庭園。

木作的長凳及桌子等家具，雖然有許多好看的現成品可選購，但是擺在戶外，帶點手作粗糙感亦饒富韻味。

木棧平台及花園傢具（擺在花園作為休憩用的桌、椅等傢具），即便規模不大，仍可享受木頭質感及手作趣味。建議可從長花槽格柵、箱型盆器這類用來遮蔽單調塑膠長花槽的簡易物品開始製作。

製作好再塗上符合置放地點或栽種植物的色彩，除了可以展現手作的質樸感，更是讓一般的植物也能散發光輝而生氣蓬勃。

設計考量

決定好要製作的物件後，請先預想大小、設計、使用習慣及置放地點等細節，試著簡單畫出草圖，接著再具體思考該用哪種材料最適合、及該如何製作等問題。

●作業前的設計考量

■**功能性：**椅子、桌子、長凳等花園家具，除了必備的實用性外，也須留意高度是否讓庭園產生壓迫感。是否該做得低一點等使用時的功能性及比例關係，最好製作前就設想清楚。

■**設計：**除了用自我風格的顏色及形狀展現特色，也可加入視覺美感及玩心巧思。

■**加工方法：**加工方法有許多種。利用居家用品店的服務也是一種方法，請根據自己的技術能力來衡量。

■**材料：**五花八門的木材種類在選用時若感到困惑，不妨從質感、加工難易度、預算等層面來考量挑選。

■**成本：**會花多少錢，或是能花多少錢，請從挑選材料時就試算出約略金額。

■**結構：**不同材料的強度有所差異，製作方法也會隨之調整。

材料選用

從桌子、椅子、木棧平台、棚架、格子圍籬到木製盆器，都可親手製作各式各樣盡享庭園生活的物品。要做出某樣風格物件，須使用哪種材料來打造；或是運用某種材料就可以做出想要的物件。這些考量在製作前先擬訂計畫，以便挑選合適的材料。

然而，店家販售有各式各樣木材，該購買哪種木材往往讓人感到困惑。

例如有刨削過的加工材料、或是表面未經處理的便宜粗糙材料、以及合板這類人工材料等應有盡有，請根據製作物件的用途及預算來好好挑選。

在簡單的箱型盆器中栽種迷你向日葵也別具風味。

● SPF 板材規格

標示尺寸	實際尺寸
2 × 4	38 × 89mm
2 × 6	38 × 140mm
2 × 8	38 × 184mm
2 × 10	38 × 235mm
2 × 12	38 × 286mm

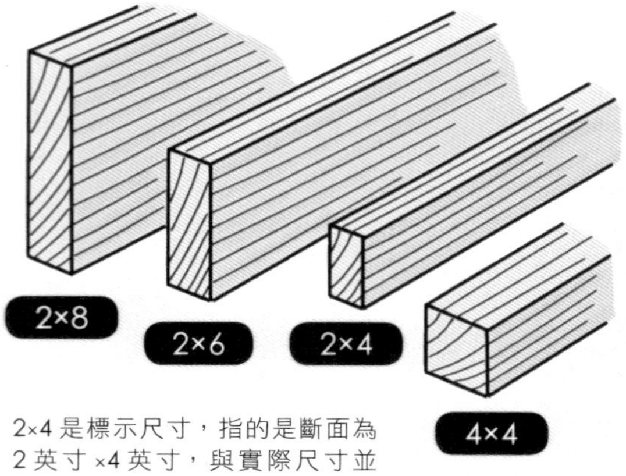

2×4 是標示尺寸，指的是斷面為2英寸×4英寸，與實際尺寸並不相同，這點須格外留意。

●各種木材

■SPF規格材：SPF規格材，是擁有規格化尺寸的建築用材。源自美國的工法，用於西式木造住宅建築，是合乎標準的規格。是預先製材好的用材寬度與厚度，因此使用方便且作業輕鬆。

表面大多經過刨磨處理，省去用鉋刀刨磨的工夫且其市場流通量大，是入手容易的建築用材。

SPF規格材可用來打造庭園中的格柵圍籬且不需要塗防腐劑，但必須進行外表的塗裝處理，但價格比杉木材及松木材貴。

■實木：也稱為無垢材，是未經加工的原木板材。具有原本的木材風味，但是有大小限制且價格較高。乾燥會收縮，容易彎曲或龜裂是其缺點。

■集成材：是角材與板材膠合拼接成更大的角板及板材。可有效發揮天然材的優點並且掩飾其缺點的人工材。

因為是黏合木材良好的部分，所以具有耐久性不易彎曲強度高等優點。雖然價格比較低廉，但因接著劑中含有甲醛這類危害人體的物質，挑選前請務必確認清楚。

■合板：把奇數片的薄板，以交錯的纖維方向貼合而成的板材。濕度或溫度變化也不易彎曲，強度高且價格便宜，因此經常使用。

合板從I類到VI類共分成4種等級，最好的是I類。請挑選符合製作物需求的板材。

■拋光加工材：板材表面經過研磨拋光的稱為「拋光加工材」。木紋漂亮而加工容易，但若未完全乾燥容易翹起或彎曲，須特別留意。

其與SPF規格材是不同規格的板材，有厚33公厘×寬33公厘、厚33公厘×寬70公厘等規格。

實例 木工的測量方法

要精準測量尺寸，絕對少不了木工角尺。測量尺寸時的操作要點，在於L型的長邊部分必須貼合板材後，才可以開始測量。

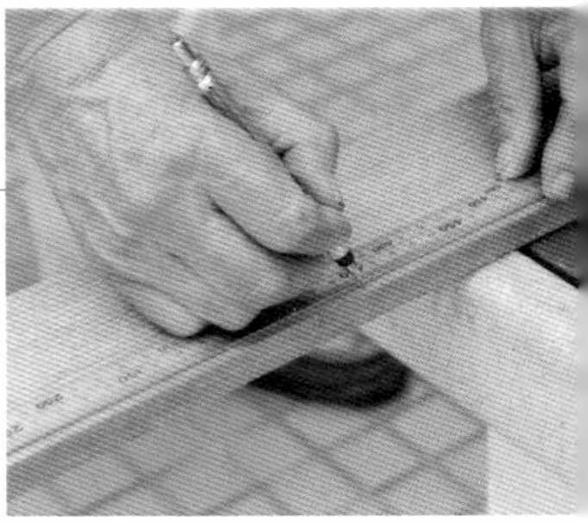

① 木工角尺是測量長度或確認直角的工具。測量尺寸時，木工角尺筆直地貼在板材邊緣進行測量、做記號。

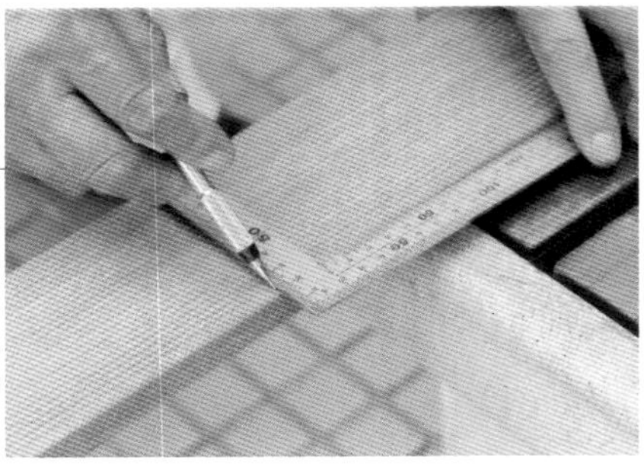

② 切割位置可用筆芯較硬且尖銳的鉛筆維持固定角度，緊密沿著木工角尺邊緣畫一次線。

木工基本作業的6種技巧

1 測量

好作品的製作重點在於正確的測量。首先，根據設計圖用木工角尺或捲尺測量尺寸在板材上做記號。木工角尺是用非慣用手握住L型的長邊，捲尺是將前端掛勾部分掛在木材邊緣使用。兩者都須筆直地與木材確實緊貼後，才可以開始測量。

2 固定

進行作業時，如果只用手壓住板材會晃動，這樣即使測量也變得毫無意義。為了按照記號切割，可用C型夾等夾具來固定板材或木材。

板材一旦固定後，便可進行切割刨削作業，這樣不僅提升效率也更安全。

實例 木工的固定措施

為了把板材切割成必要尺寸，必須將板材固定避免位移。使用C型夾可確實固定。

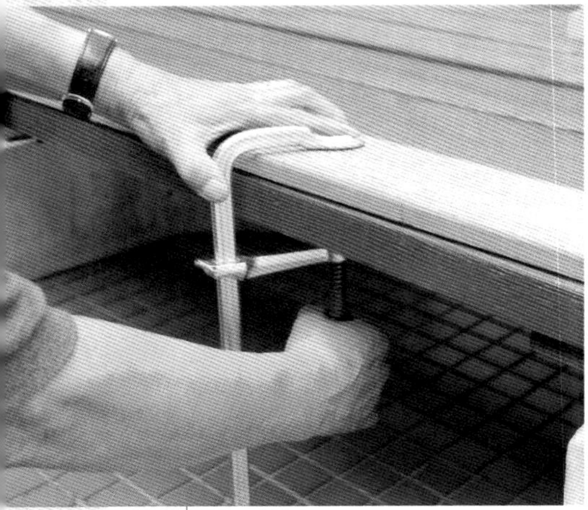

① 用C型夾固定在工作台上。夾住板材後，再鎖緊螺絲固定。

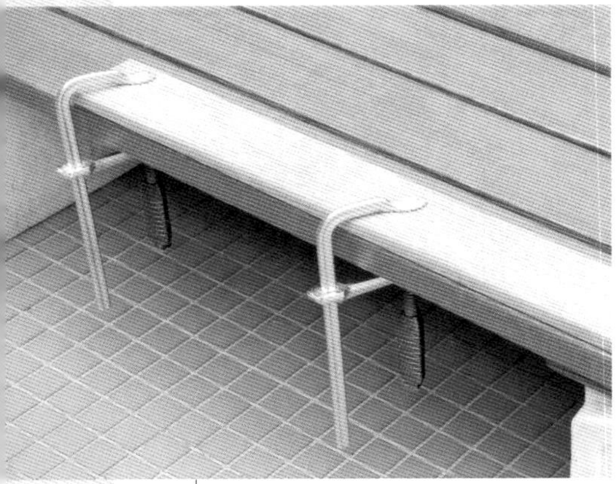

② 若板材較長，可固定兩處使板材更穩固。

3 切割

切割方法有許多種，例如：直線切割、曲線切割、圓窗挖空切割，其中最基本的就是用鋸子筆直切割。留意鋸子的切割縫隙寬度（2～3公厘），保留鉛筆畫的線，沿線條外側切割。

切割時鋸子的刀刃與線條須呈一直線，有規律地切割。用力過猛時切口會與輔助線產生偏差。因此為了避免發生偏差，也可先固定輔助板，再沿著輔助板切割。

使用手工鋸子不好切割時，也可用電鋸快速切割出曲線或圓形。雖然圓鋸拿起來比較重，但切割木材時很方便，只是對初學者而言危險性較高，建議反覆練習後再使用。電動工具固然方便，但使用時務必要格外小心謹慎。

實例 輔助板固定的切割方法

輔助板可作為筆直切割的依據，是切割寬板材時很好用的工具，也是讓初學者操作不會失敗的切割方法。

1 把木工角尺垂直緊貼在鉛筆線的外側。

2 木工角尺內側放上輔助板。

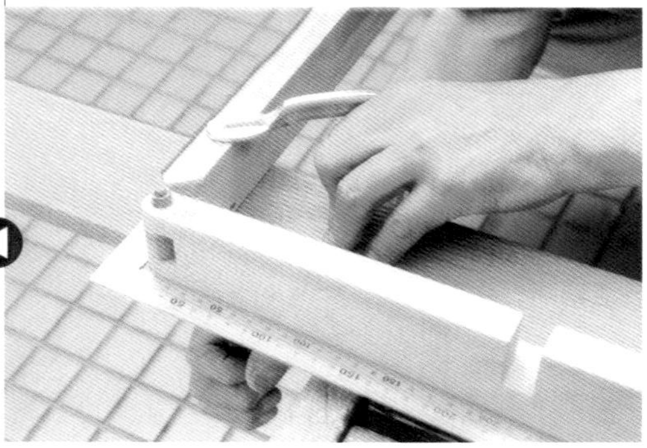

3 輔助板用 C 型夾固定。

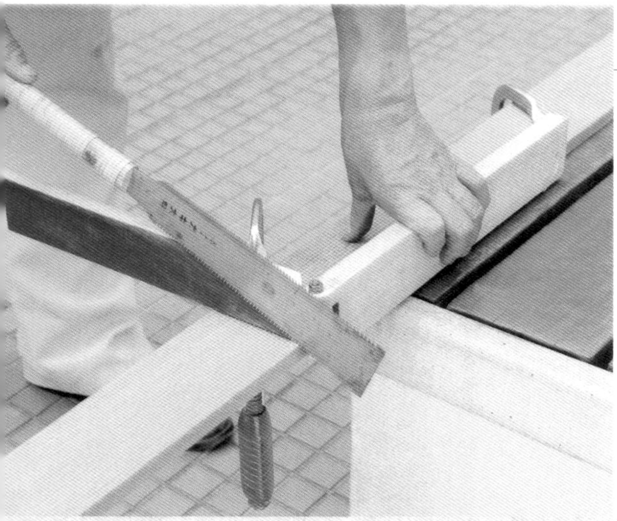

4 鋸子的刀刃以約 30 度的角度，沿著輔助板切割。

實例 不使用輔助板的切割方法

不仰賴輔助板較不容易筆直切割，因此慢慢地以鋸子來切割。

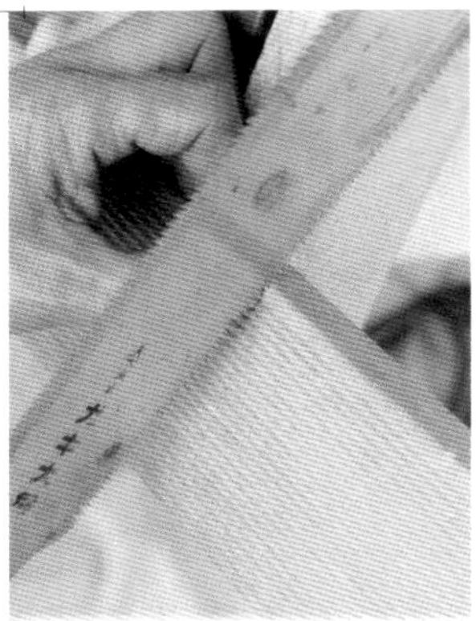

1 把鋸子的刀刃對齊鉛筆畫的線，輕輕鋸出線痕。此時可把大拇指的指尖作為指引，會更容易進行。

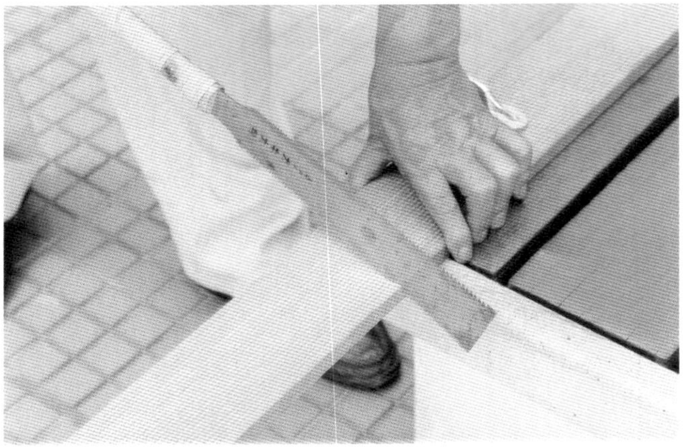

2 慢慢來回移動鋸子。鋸子的刀刃與鉛筆線呈一直線，規律地鋸開。

專家的建議

日本的鋸子是往自己的方向鋸，拉回的時候用力，推出的時候不用力地前後移動。

3 為了避免板材破損，結尾處請先用手抓住板材，再把板子完全鋸斷。

實例 電動工具的切割方法

圓鋸和線鋸是最常用的電鋸。直線切割時，圓鋸會比線鋸適合，但是線鋸比圓鋸更安全且使用上更輕鬆。也可以使用量角器作為指引來切割出漂亮的直線。使用時也需十分小心。

●電鋸的使用方法

圓鋸

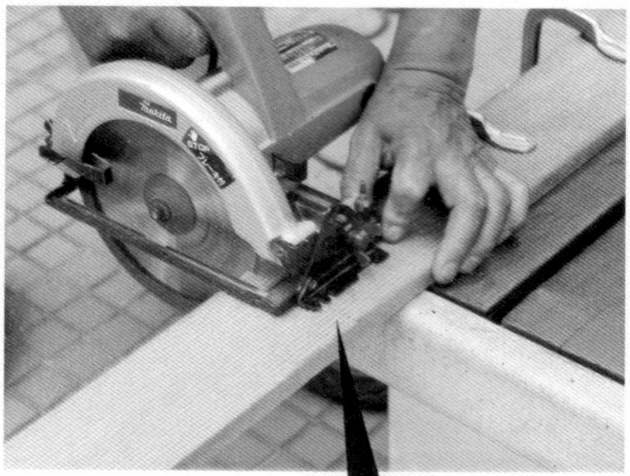

按住圓鋸的本體，用握住把手的手推動切割。

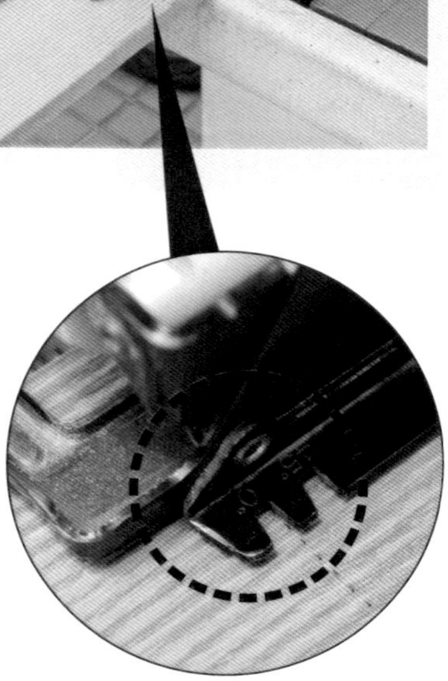

凹型部分的刀刃貼合鉛筆做的記號線進行切割。

專家的建議

電線捲著會讓電壓變弱。即使是在靠近電源的地方作業，也請務必把電線全部拉出來。

●線鋸的使用方法

切割小弧度時，使用切割曲線專用的刀片。

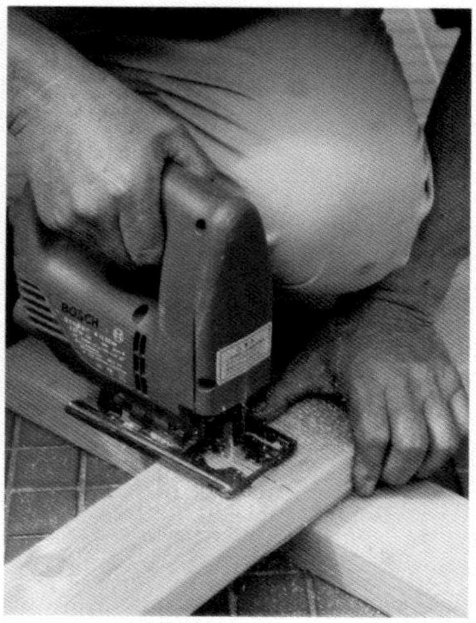

板材壓緊後再切割。

線鋸

線鋸的刀片

根據用途使用不同的鋸片。

4 鑽、鑿

依照規格切割材料，在組裝前用鑽子、電鑽、修邊機、鑿子等鑿洞或刻榫卯。

鑽鑿作業看似單純，但要讓洞孔精準美觀，需要耐力及專注力。若有電鑽即可正確鑽出大小相同的洞孔。

要在硬板材上打釘子或鎖螺絲前，必須預先挖鑿洞孔為「底孔」。打底孔可預防木材裂開，也可讓打釘子的作業更有效率。此外，打孔時為了避免木材晃動移位，可用夾具固定。

5 刨、磨

木材加工的最後階段可使用砂紙、研磨機、刨刀替材料進行拋光打磨作業。材料的表面經過研磨，不僅可提升觸感與視覺美觀，塗料也比較容易附著。砂紙建議可使用粗與細兩種規格。

實例 鑿洞的方法

在木材上猛鑽螺絲，會讓木頭裂開，因此需事先打底孔。垂直打孔是作業重點。

❶ 電鑽確實握緊以免晃動不穩。作業中務必經常確認鑽頭是否垂直。

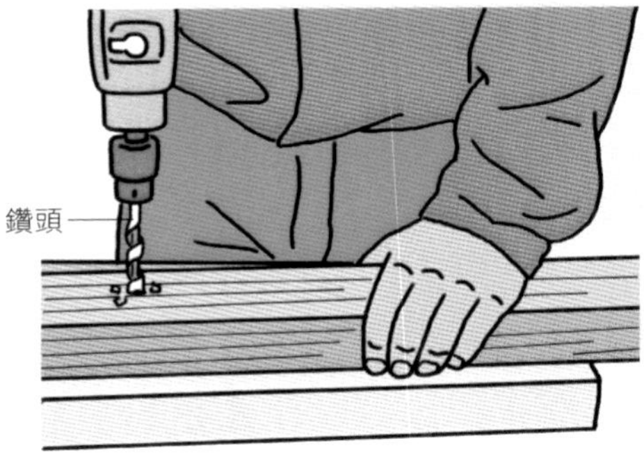

❷ 鑽頭的前端對準開孔處，用慢速旋轉開始鑽孔。

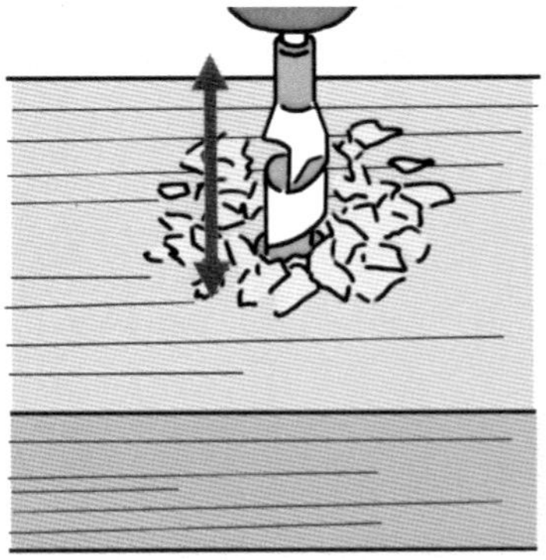

❸ 鑽出的木屑若塞滿鑽頭會影響鑽鑿效果，轉動鑽頭的同時，上下移動以去除木屑。

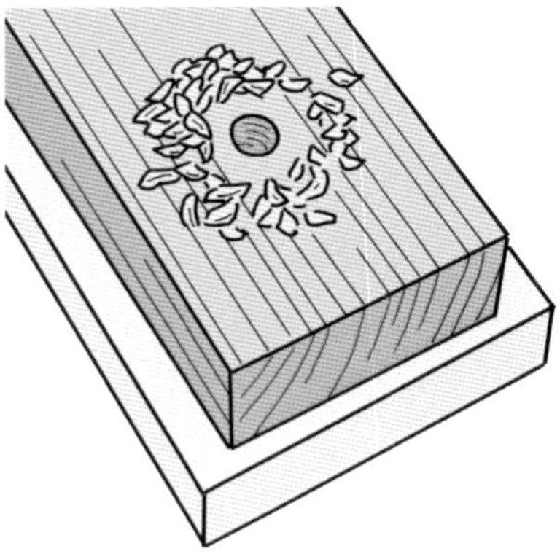

❹ 洞孔貫穿後會有卡緊的現象，請用兩手確實握緊電鑽謹慎地完成。

實例 木作表面磨光的方法

讓粗糙表面變光滑，是木工不可或缺的潤飾作業。可用砂紙順著木紋研磨。

●砂紙的使用方法

1 準備紙磚（也可使用木片）。

2 將砂紙裁切成符合紙磚的寬度。

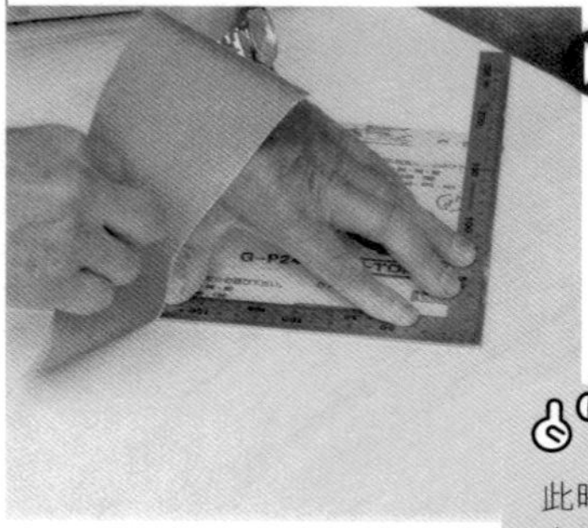

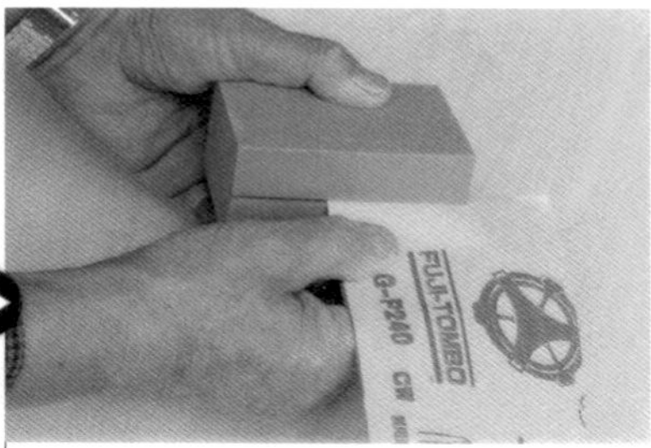

3 把砂紙夾進紙磚的夾縫中。

專家的建議

此時若用美工刀或剪刀會弄傷刀刃，因此可用木工角尺壓住用力撕開。

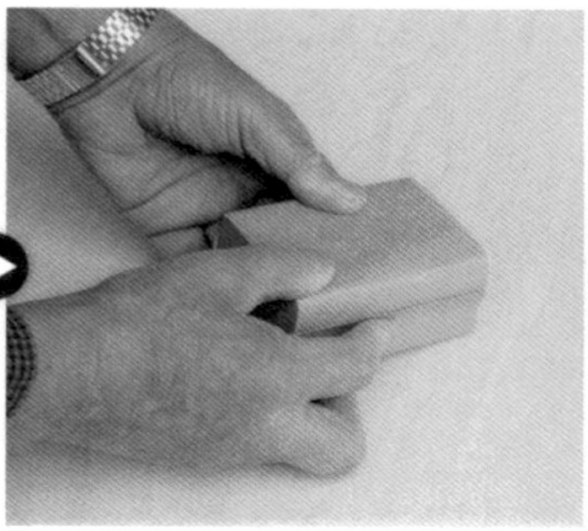

4 符合紙磚寬度後即可捲起來。

5 與木紋平行緊貼。從粗目到細目依序使用，砂紙若磨損了就換。

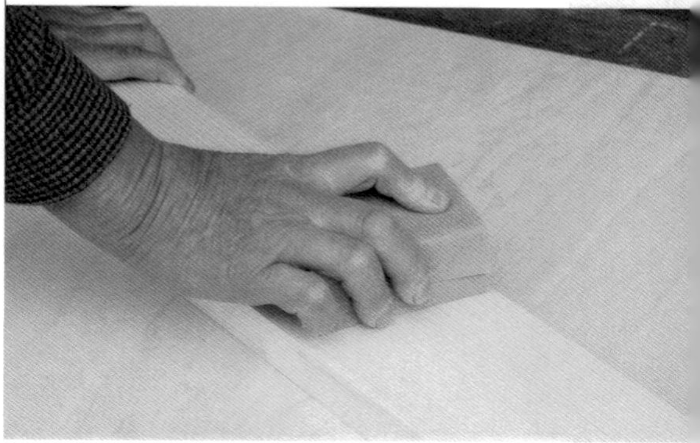

砂紙

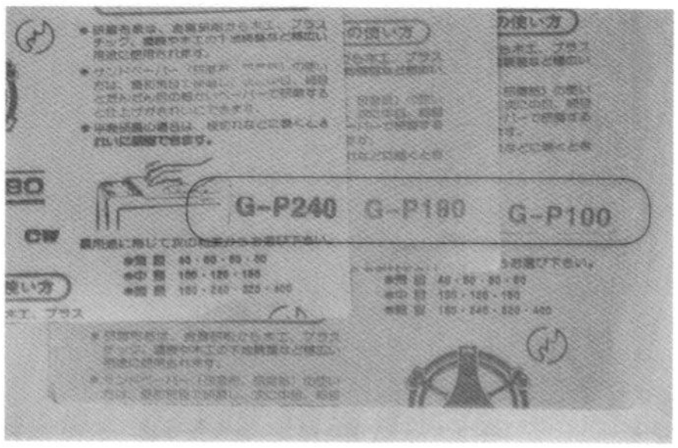

數字愈小的砂紙愈細。

電動式研磨器

微調尺寸的時候，也可以利用刨刀稍微削切，使其緊密貼合。此外，最終的完成潤飾階段，也會替材料的邊角做「倒角」處理。

6 接合

加工好的材料，用釘子、螺絲、接著劑接合組裝。要確實接合，釘子需要木材厚度約3倍的長度。接著劑請挑選木工用產品，整體薄塗後暫時固定，再用釘子或螺絲固定，這麼做可降低少失敗機率。

螺絲比釘子更常用。若是用電鑽，可迅速確實地完成作業。

實例 螺絲固定接合的方法

若使用一邊旋轉螺絲，一邊用力施壓的電動螺絲起子，即可讓接合作業更輕鬆。

❶ 用木工角尺測量螺絲固定位置並做記號，然後在記號處鑿出皿頭螺絲用的底孔。

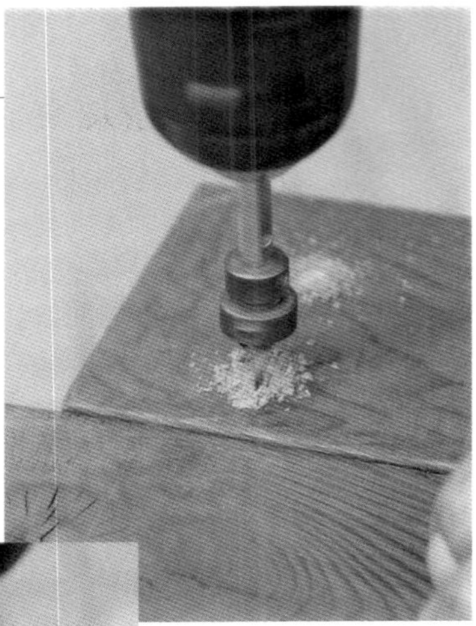

❷ 用電動螺絲起子將螺絲鑽入底孔中。

❸ 將螺絲的頭拴緊在接近木板表面、或是稍微下沉的位置。螺絲起子的前端若沒有與木板垂直時，螺絲將無法筆直鑽入。

●塗裝的目的

重新塗裝翻修
用塗裝防止裂化

●塗裝時須留意的注意事項

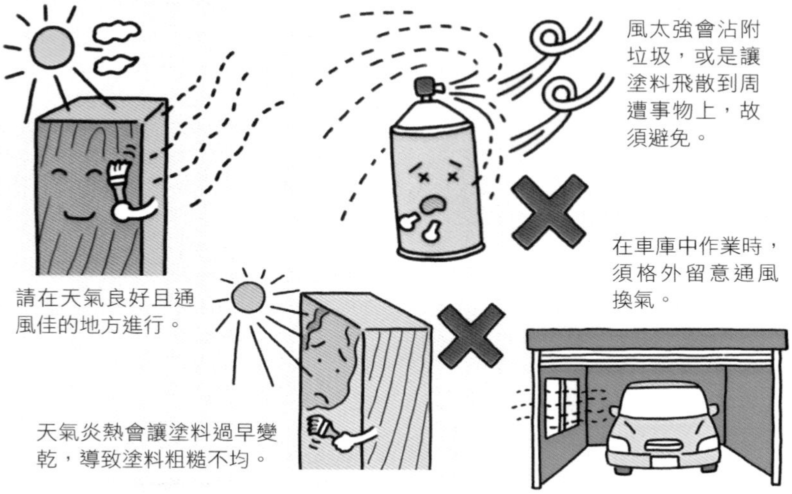
風太強會沾附垃圾，或是讓塗料飛散到周遭事物上，故須避免。
請在天氣良好且通風佳的地方進行。
在車庫中作業時，須格外留意通風換氣。
天氣炎熱會讓塗料過早變乾，導致塗料粗糙不均。

美化外觀 保護材料的塗裝

為了讓作品更美觀，因此完成時還會進行塗裝。塗刷的方式也會改變呈現的視覺效果，塗膜也可保護表面，讓作品保存時間更長。

應根據想完成的結果挑選塗料，庭園桌子等戶外使用的則需挑選耐久性高的塗料，也可使用含有防啃食木材之害蟲的成分的塗料。

塗裝可用來重新塗刷年久失修髒污變明顯的物品，或是使其符合庭園氣氛。另外，屋外的物品，風吹雨淋容易生鏽龜裂、腐爛、發霉，藉由塗裝可預防劣化。

塗料中，有室內、戶外、木材、混凝土、金屬用等各式種類，可根據塗裝的素材及置放環境來挑選各自適合的塗料。

塗裝作業時的注意事項

不管是哪種塗料，全都討厭濕氣及

低溫。請在天氣好的日子，選個通風良好處進行作業。條件好的話，乾燥速度較快，塗裝面會出現光澤，呈現完美的結果。風太強的話會附著灰塵，噴霧式塗料還可能飛散至周圍。

此外，夏天過於炎熱的氣溫下，塗料乾燥速度過快，會讓塗料粗糙不均勻，塗料濃度也會產生變化，因此請避免在炎熱的天候進行。在車庫等室內進行作業時，務必打開窗戶留意通風換氣。尤其是使用油性塗料時，基於健康考量，請務必注意保持良好通風。

1 挑選塗料的種類

油漆大致可區分為水性及油性兩種。請根據用途加以挑選。

●各種塗料

水性：可加水稀釋使用簡易，乾燥速度快，使用後也容易維護，因此很受歡迎。因為可以使用平頭刷或滾筒刷，即使是石牆這類大面積的地方，也可有效率地進行。顏色種類多，有亮光漆或消光漆可選。

油性：耐久性高故適用於戶外。用油漆稀釋液稀釋後使用，也可用於門板上。但具引火性，因此使用上須格外小心。

裝飾塗料：水性、油性、金屬質感等種類及顏色都很豐富也很方便使用，但以相同塗料面積來看，價格高於水性油漆。

2 準備刷子

刷子請根據塗料來挑選。有水性用、油性用、清漆用等專用刷，如果沒有挑選適當的刷子，會殘留刷痕。另外，根據塗刷面積選用也很重要。大面積塗刷時，建議使用滾筒刷或平頭刷，會讓效率大幅提升。

為了避免塗刷結果不盡理想，刷子使用前，請先仔細去除刷頭髒污及掉毛。

●刷子種類與使用時的注意事項

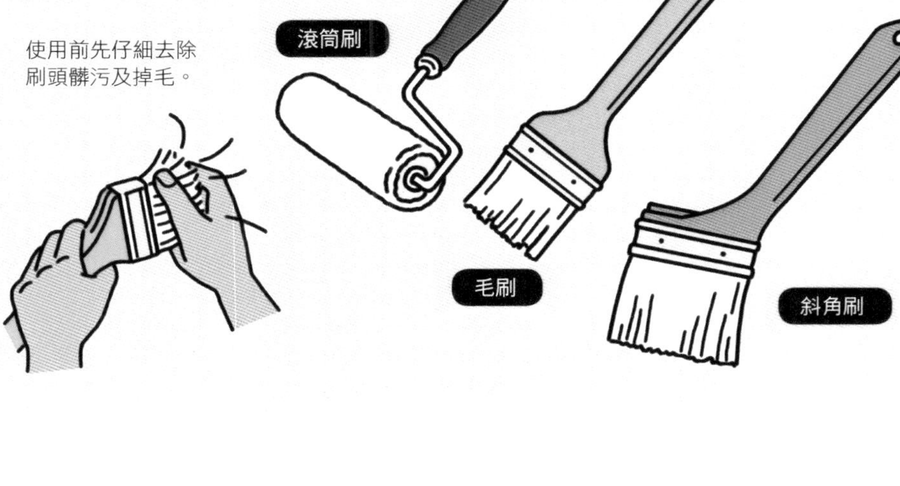
使用前先仔細去除
刷頭髒污及掉毛。
滾筒刷
毛刷
斜角刷

3 分二到三次塗抹

應避免一次就塗很厚。塗太厚的話，表面乾燥裡面未乾會導致起皺或塗料不均。因此應該先用刷子沾取塗料，仔細地壓擠出多餘塗料，平均地輕輕塗刷開來。

塗料沾取過量會滴落，須格外留意。一開始塗刷的部份若產生起皺現象時，不需要過於在意，可繼續塗刷。待充分乾燥後，再塗第2次。過程中需要反覆重疊塗刷，不疾不徐地慢慢塗刷是重點所在。

4 利用遮蔽膠帶

對於沾到塗料很難清理的部分、或打算分別塗刷不同顏色的部分、或是不想塗刷的地方，都可事先貼上遮蔽膠帶或報紙遮蓋起來。

塗刷完畢後再撕下膠帶，即可呈現完美的塗裝結果。

●油漆的基本技巧

1 塗裝前的調整

①選好塗料後，在塗裝之前先調整木紋。用砂紙沿著木紋研磨，消除木屑及傷痕。

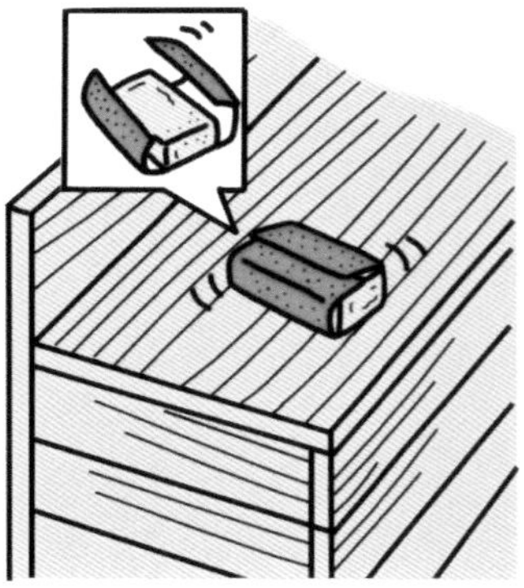

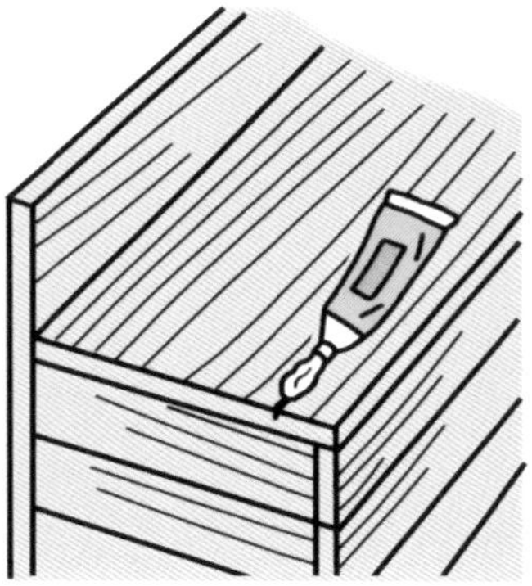

②若有龜裂可預先填入油灰。這個動作會大大影響完成的結果，是完美塗裝的訣竅所在。

2 塗裝時的注意點

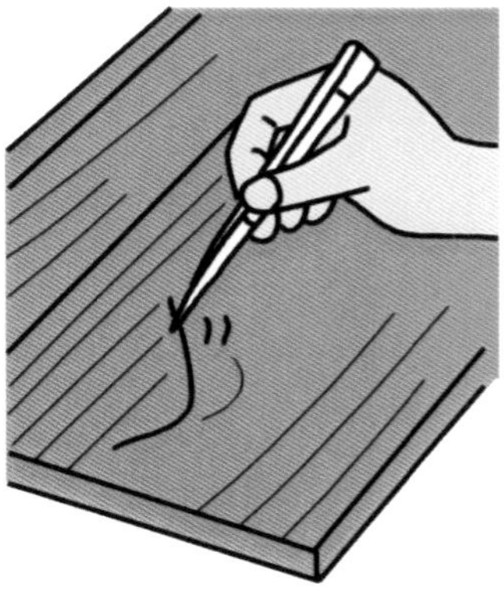

①從不容易塗的角落開始塗刷，大面積容易塗裝的地方可以最後再塗刷。

②一次不要塗太厚。為了避免起皺，再進行2次塗刷。每次塗刷須使其充分乾燥，不急躁地慢慢塗刷。

③刷子掉下的刷毛可用鑷子等工具去除。

●遮蔽膠帶的使用方法

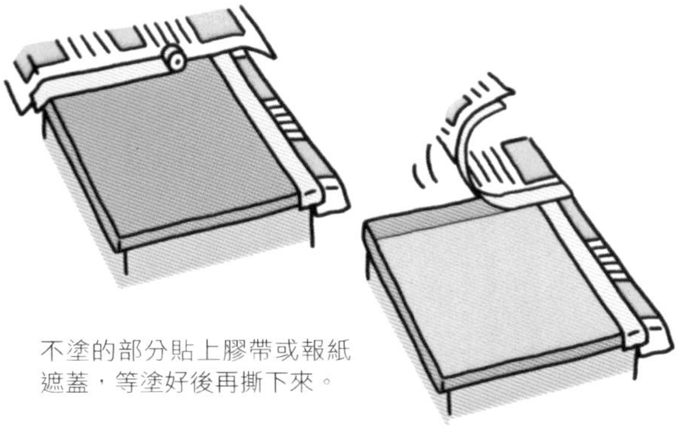

不塗的部分貼上膠帶或報紙遮蓋，等塗好後再撕下來。

5 使用後的工具清潔

為了下次作業可立即使用，刷子及滾筒等工具使用後要清洗乾淨。首先可用報紙擦除多餘的塗料。接著，水性塗料用水，油性塗料用塗料稀釋液清除塗料，再用中性洗劑沖洗。洗後調整形狀，刷毛朝上自然蔭乾。使其充分乾燥後即可放置於沒有灰塵的場所保管。

油漆以外的塗料

油漆以外的塗料有以下幾種，請根據用途區分使用。

透明漆：用來展現光澤保護木材等材料的表面，使其呈透明塗膜隔絕空氣接觸，因此不容易刮傷，同時具有吸收與防止濕氣的作用。只不過與油漆相比，透明漆的塗膜較為薄弱。戶外使用的物品，請挑選戶外專用透明漆。與其一次塗很厚，分多次薄塗的效果較為理想。待一開始塗的透明漆完全乾燥後，再用砂紙磨整表面後再次塗刷。

著色漆：只替木材塗上半透明的顏色並不具保護作用，但可發揮木紋質感，展現獨特韻味。不只是油性，最近也有對環境友善的水性類型。重疊塗抹可讓顏色變濃。戶外用的著色漆浸透性高，是防腐、防鏽、防蟲效果也很優異的塗料。

油：木材用油浸染的塗裝方法稱為「上油」。不用刷子，用破布即可進行作業，非常輕鬆。油可隔絕水分及髒污，可保護木材。因為沒有產生塗膜，耐久性不及透明漆，但可呈現與透明漆截然不同的風韻。

實例

修復緣側長椅

設置後歷經多年，明顯劣化的緣側（戶外屋簷下的長椅）。去除受損髒污的塗料後重新塗刷，並根據周遭氛圍挑選塗料顏色塗裝改善。

1 事前準備

使用的材料及工具

❶ 為了讓作業容易進行，在木片上包覆砂紙研磨。

❷ 用❶的方式仔細去除髒污及舊塗料。

專家的建議

髒污不容易去除的地方或工作量大時，也可利用電動研磨機。研磨機務必用兩手確實握緊，慢慢地操作。

❸ 接縫及緣側長椅內側的髒污，用鐵刷去除。

POINT

塗刷時間以放晴的中午前最為理想。雨天、濕氣重或氣溫低的日子，塗料不容易乾，請盡量避免此時進行塗裝。

2 塗上塗料

❶ 挑選褐色系的油性著色漆進行塗裝。

❷ 塗刷到某種程度後，為了避免起皺，可以趁塗料未乾時用布均勻擦拭塗料。

專家的建議

要塗得漂亮，請由上到下，由左到右，以一定方向進行塗刷。

❸ 切口及接縫處也別忘記塗刷。

3 完成

饒富木紋質樸風格的緣側長椅完成了。

善用景觀傢俱飾品

居家用品店可謂 DIY 愛好者的聖地。
除了可提供諮詢服務之外，
切割木材、工具租借、配送服務、貨車出借等等，
各式服務一應俱全，也提供支援服務。
另外，也有免費提供的使用手冊，
簡單介紹透明漆的塗法、混凝土的做法、
草坪的鋪法、花圃打造等與 DIY 相關的庭園打造相關知識。
居家用品店備有各式各樣的商品，可充分活用讓創意無限發揮。

居家用品店的優點

1 必要素材一次備齊

打造住家或庭園、重修或翻修時所需要的素材及各式各樣的商品都一應俱全，在一間居家用品店中就能買齊庭園相關的木材、供水用具等大部分的商品。

另外，部分店家的店員具備DIY指導資格，也可請教DIY作業重點。

2 木材與金屬等材料的切割、鑿洞加工處理

大部分的居家用品店都有提供這項服務。用低廉的費用即可協助切割及打孔，不僅能提升作業效率，也可達成手邊工具無法辦到的作業，得以專注於作品的設計層面。

3 可租借電動工具等作業機具

從電動工具到夯實工具等大型工具，用低廉價格即可租借。尤其是幾乎具備所有的電器工具，讓你不需要特別購買；若要購買，

也可實際測試及確認使用狀況。

最近，也有提供付費租借工作室的居家用品店。在那裏可以使用工作台及各種工具，購買商品後在此工作室進行加工，對於家中場地不足的人而言是非常便利的服務。

另外，也有提供配送服務及卡車租借的服務。雖然以小卡車居多，但是用來運送長板材、大量磚塊等家用車難以運送的貨物時也是相當便利。

4 自行處理簡單的作業，困難的部分可交給行家處理

想要親手製作，但因規模太大且作業困難而遲遲未動手，或是要求正確性的工程及伴隨危險的作業，都可拜託專業的師傅，而自己可以做的地方不妨試著先挑戰看看，等習慣以後就可以試著挑戰稍微複雜的作業。

當自己獨力完成一個作品，或是全家一起動手做都很有樂趣。因為是親手打造的，就算有點歪七扭八還是很討人喜歡，也別具風格。請試著從中體驗自己動手作所帶來的樂趣吧！

水平校對的方法

疊砌磚塊、豎立柱子、製作桌子時，
絕對不可馬虎的就是確認水平與垂直。
若不確實執行，要蓋的東西蓋不成，也就無法正確組裝了。
要確認水平、垂直的便利工具是水準器。
水準器幾乎適用於所有手作工作，
務必了解正確的使用方法。

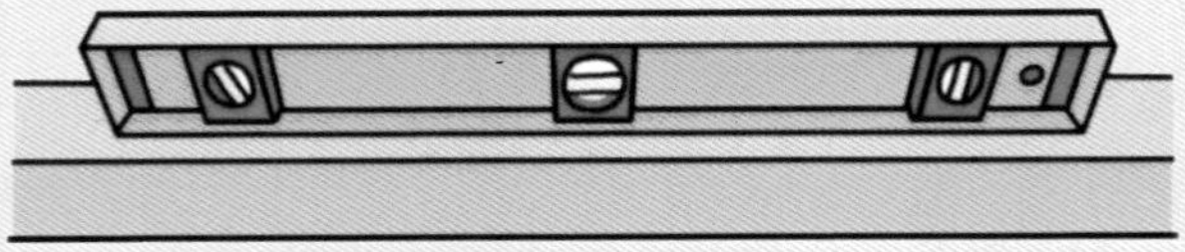

在測量物的上方擺放水準器，用氣泡管的位置檢視水平是基本用法。正確測量不能只測一個地方，縱向橫向都須測量。

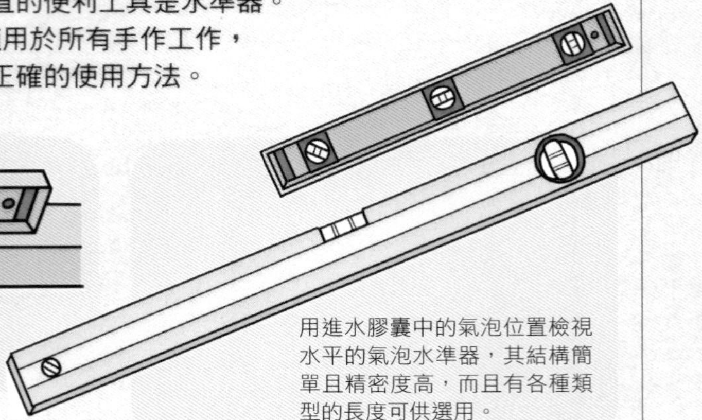

用進水膠囊中的氣泡位置檢視水平的氣泡水準器，其結構簡單且精密度高，而且有各種類型的長度可供選用。

氣泡管的基準線中若有氣泡，表示有呈現水平。

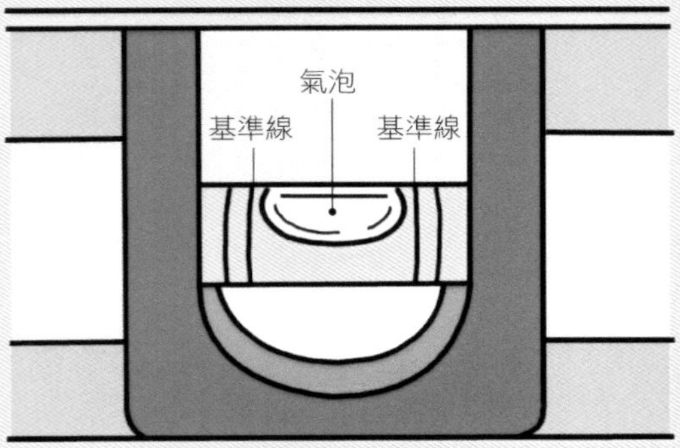

垂直的測量方法是水準器與測量物垂直貼合，檢視氣泡管。氣泡有落在中心時則是水平狀態。

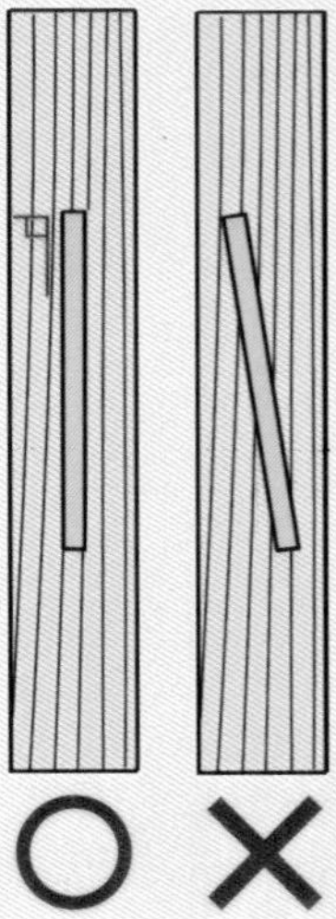

水準器若沒有垂直擺放的話無法準確測量。

裝設細線進行測量的水準器，當施作範圍較大時會很好用。

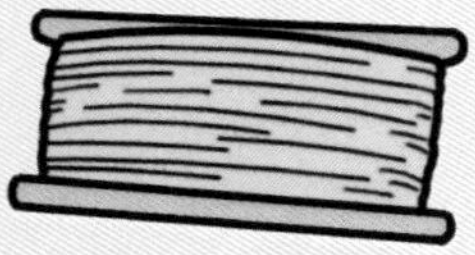

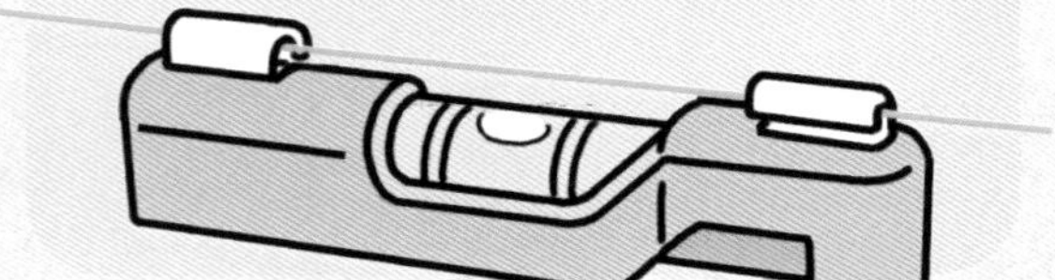

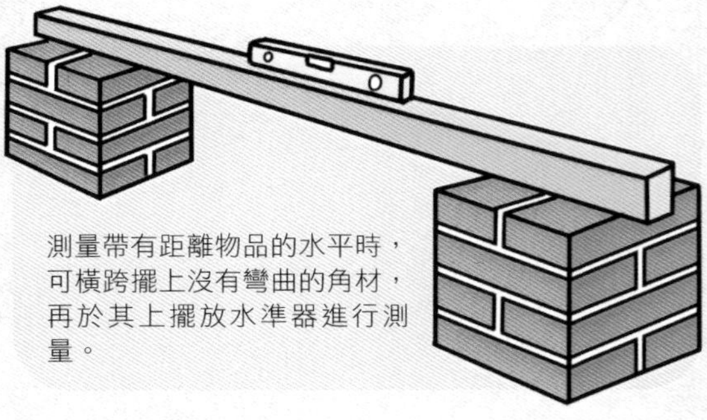

測量帶有距離物品的水平時，可橫跨擺上沒有彎曲的角材，再於其上擺放水準器進行測量。

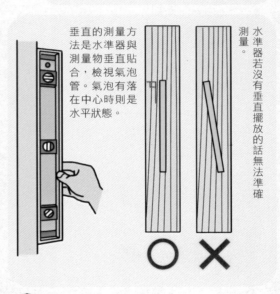

PART 3

庭園造景裝飾與植栽工程

格狀柵欄圍籬

格狀圍籬的通風良好，
又具遮蔽作用，
是打造具立體感的庭院
所不能或缺的裝飾物。

什麼是格狀圍籬

跟格狀圍籬相類似的東西有格狀花架。格狀花架是指能讓植物纏繞攀爬而沒有邊框的屏風狀裝飾物。

相對於格狀花架，有邊框可拿來做為圍籬使用的則稱之為格狀圍籬或是格狀柵欄。

●格狀圍籬的特徵

■**可做為遮蔽物使用：**用來遮住冷暖氣機的室外機、雜物間等等不想被人看見的東西。

■**通風良好：**具遮蔽效果，加上有格狀孔洞，所以不會讓通風變差。

●格狀圍籬的用途

■**區隔空間：**不管是和式還是西式或時尚風格的庭院還是自然風格的庭院，庭院入口還是主庭院等等不同印象的空間，格狀圍籬都能自然融入，成為區隔空間的好素材。

■**遮蔽視線：**除了可用來擋住室外機，還可以用來擋住風格迥異的鄰宅庭院等等任何不想讓人看見的東西。

■**裝飾單調的垂直面：**讓蔓性植物攀附其上或是掛個掛勾垂掛吊籃植物，藉以裝飾單調無趣的垂直牆面，可以讓庭院的空間擴展延伸。

■**調節光線和通風：**可以阻擋強烈日照和強風，但又不會防礙通風。

●格狀圍籬的種類

格狀圍籬除了基本的斜格狀及外圍有邊框的標準款式之外，也有部分邊框呈曲線造型的設計款式，另外也有格子可以滑動的滑動式圍籬。

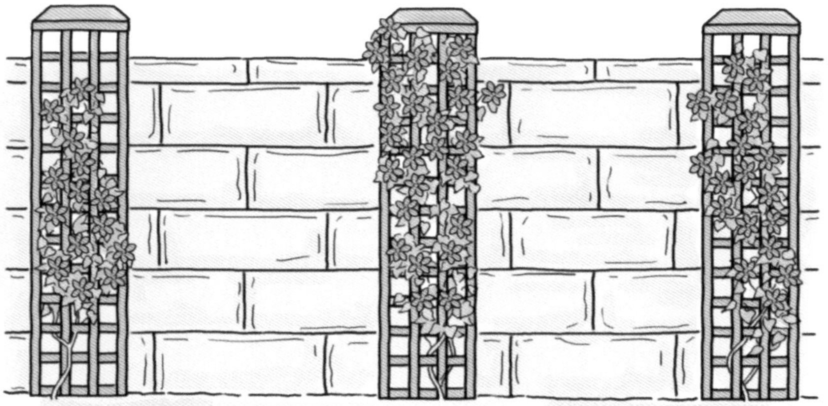

範例

庭園的格狀柵欄圍籬

蓋在高地的住宅，遠處可見的景物也會成為庭院景致的一部分。為了希望能在欣賞借景景觀的同時，又能遮蔽來自鄰宅的視線，並且避免風的直接吹襲，架設間隔並排的格狀圍籬是個解決方案。

作業的流程

1 進行試擺以決定設置地點
2 豎立支柱的基礎準備作業
3 豎立支柱
4 架設並固定圍籬
5 植物栽種
6 設置完成

完成圖

使用的工具

- 支柱
- 格狀圍籬（市售成套可自行組裝的產品）
- 固定支柱的金屬零件（成套配件）
- 砂漿（水泥1：砂石2：水7）
- 臨時圍欄使用的廢材、釘子、捲尺、木工角尺、鏟子、鏝刀、錘子、衝擊起子機、水平儀等工具。

1 進行試擺以決定設置地點

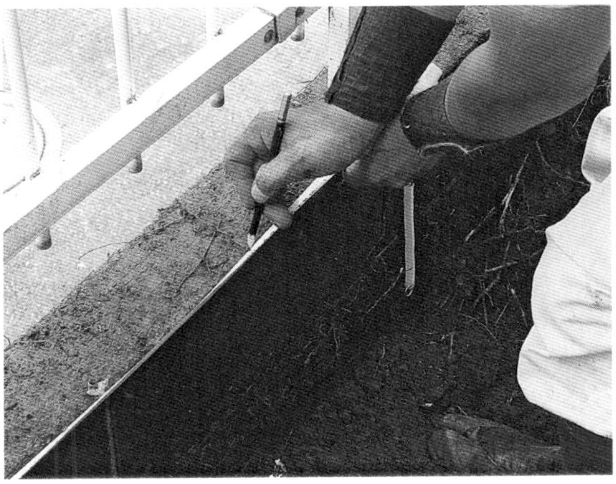

❶ 依據設計圖面，在設置地點做記號

在預定設置圍籬的地點周圍進行整地，並依據圖面在支柱的位置上做記號。

❷ 試擺圍籬，同時把支柱試擺在預定位置上

在預定設置的場所試擺圍籬，進行現場確認。決定好設置地點後，在設置支柱的位置上再做上記號，並把支柱試擺上去。

專業工具

能正確測量水平的電子水平測量儀

在架設圍籬時為了確保準確、美觀，一定要確認是否呈水平狀態。專業人士所使用的音波方式來確認水平的工具，其測量範圍更寬，還會發出嗶嗶聲告知達到水平狀態。

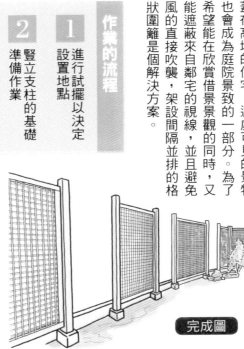

2 豎立支柱的基礎準備作業

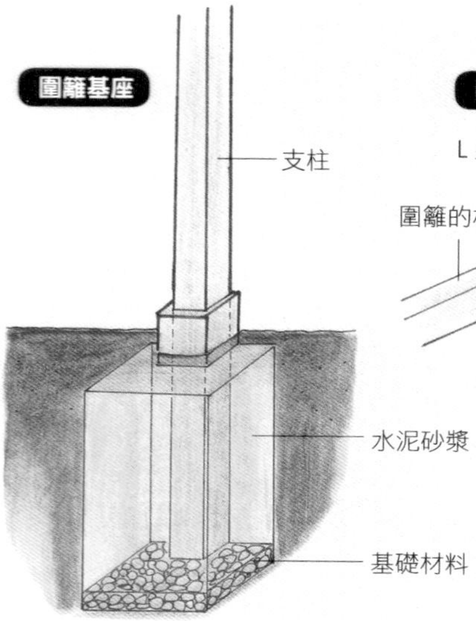

圍籬基座
支柱
水泥砂漿
基礎材料

圍籬板子的安裝
L 型金屬零件
圍籬的板子
支柱

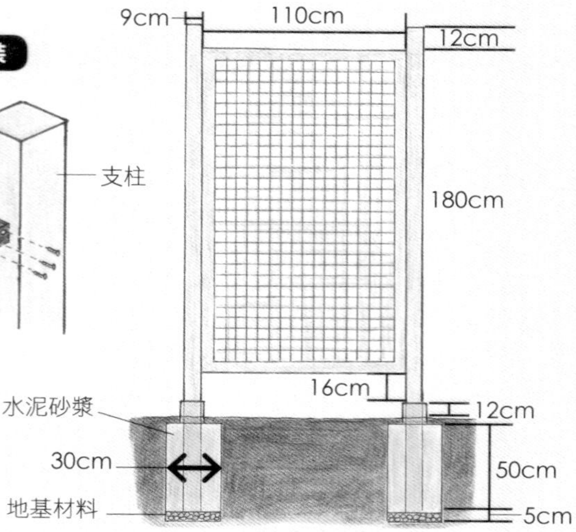

9cm
110cm
12cm
180cm
16cm
水泥砂漿
12cm
30cm
50cm
地基材料
5cm

●範例的格狀圍籬構造立面詳圖

1 在設置支柱的場所挖洞

在設置支柱的場所，挖掘要安置支柱的洞穴。基座部分若是與支柱分開設置，要另外挖掘一個深度足夠放入基座的洞穴。

這裡要注意！

若是老舊住宅，挖掘時可能會遇到圍牆等混凝土基座露出來的情況，若只需稍微切削就能解決，可使用能切割石材的鋸子等工具修整，若真的有困難，只好變更調整支柱的位置。

專家的建議

為使灌入水泥砂漿的模板在水泥砂漿乾了之後容易拆除，釘釘子時不要整根釘進去。

2 製作支柱基座的模板

配合支柱的粗細和設置場所的大小，去切割出支柱基座的模板。模板建議要使用防水性強的三合板等材料。

3 準備砂漿

調配要灌入模板的砂漿。為了能牢牢固定支柱，要加入砂石一起混合。

4 挖掘洞穴並壓實底部

挖掘要置放模板的洞穴，把砂石填入並充分敲打壓實，以避免支柱、模板搖晃。

5 置放模板

測量水平，將模板貼緊水泥磚牆放入洞穴中。

3 豎立支柱

1 設置支柱

試著把支柱放入模板。暫時先讓支柱靠著水泥磚牆直立。

2 確認水平

把水平儀靠在支柱上，進行水平的測量，以決定支柱的擺放位置。

3 地上部分的暫時性固定

測量好水平之後，要進行暫時性的固定，讓支柱不要移動。這次因為支柱旁邊剛好有柵欄，所以將支柱暫時性固定在柵欄上。

4 澆灌水泥砂漿製作基座

將水泥砂漿灌入模板裡面。

專家的建議

這次因為水泥砂漿裡面有混入砂石，所以要用木棒一邊插入砂漿中以排除裡面的空氣。

專家的建議

雖然支柱插得較深會比較穩固，但是很容易從接觸到土壤的部分開始腐爛。然而，太大塊的混凝土基座裸露在外又顯得不美觀。因此，在豎立支柱時，要插得夠深使其穩固，並以最小限度的混凝土去固定露出地表的部分，讓支柱不會接觸到土壤，同時又不會看起來很不自然。

5 將基座表面整平

先利用木板等東西將多餘的水泥砂漿刮除及初步整平。再用鏝刀將水泥砂漿表面抹平，進行最後修飾。

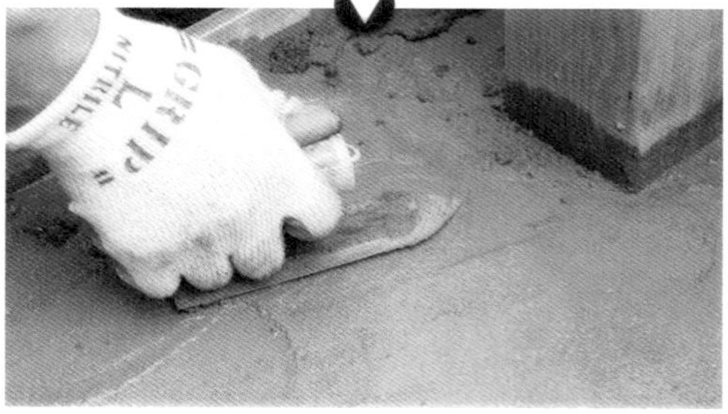

6 拆除模板 填土壓實

砂漿乾了之後，從模板內側用鐵錘敲打板子，將模板拆除。接著用土壤填滿基座周圍的空隙並充分壓實，以固定基座。

POINT

想要製作出沒有沾染土壤的基座，要趁著水泥還沒乾，把飛濺到基座上的砂石土壤等東西清除乾淨，讓基座美觀漂亮。

4 架設並固定圍籬

POINT

形狀特殊的庭院，支柱和圍籬板子接合處未必要成直角。遇到一些角度比較有變化的場所，需要成斜角架設圍籬時，可先把金屬零件安裝到支柱上並且在下面墊塊木頭調整角度。

① 安裝金屬零件

安裝可讓格狀圍籬與支柱組合的金屬零件。可先比對好圍籬的尺寸，確認安裝的位置，打好底孔後再用螺絲固定金屬零件。

測量好水平之後再打好底孔，並用電動螺絲起子將螺絲鎖好。

② 安裝圍籬

將圍籬組合到支柱上。試著將圍籬靠在安裝好的金屬零件上比對位置，此時務必要用水平儀測量水平。

5 植物栽種

❶ 就地試擺苗木或盆栽，確認整體的均衡性

將苗木等植物試擺在預定種植的位置。確認好整體的景觀配置之後，挖掘植穴進行栽種。大型樹木的植物可採取灌水填土法種植（→請參考 P184）。

POINT

雖然讓藤蔓保持原來長長的貌樣似乎比較好看，但是讓其萌發新芽，重新攀附於圍籬上面，對植物來說比較沒有負擔，看起來也比較自然。

❷ 配合格狀圍籬修剪原有的蔓性植物

若想讓蔓性植物攀附在格狀圍籬上，必須對原有的蔓性植物進行修剪。

設置完成！

❸ 安裝圍籬完成

其中一塊格狀圍籬已完成安裝，剩餘的圍籬請依照相同工序安裝。

6 設置完成！

花槽花架隔屏

木材的優雅質感能為植物增添視覺美感。配合木工的基礎技巧，打造具有個性風格的盆缽花槽吧！

木箱花槽製作要點

●依據用途、置放場所改變材質

製作好的木箱花槽若打算直接放入培養土種植植物，必須選擇不易因為水分等因素而腐爛的材質並進行防腐相關處理。為了避免種植用土從花槽漏出，可先用不織布等材料進行襯墊處理後再種入植物。

若是打算當做套盆使用，因為裡面會放水盤並且要能容納下整個花盆，製作時必須要估算好尺寸。除此之外，若打算在室內或是陽台使用，為了方便移動，也可以加裝輪子。

即使是經過防腐處理的堅固木材，經過風吹雨打陽光直接照射，還是可能會發生變色或變形的情況。因此考量置放場所，審慎挑選適合的材質是很重要的一件事。

●基本的花槽是四方形

建議一開始先選擇製作四方形花槽。從木工的基礎「箱型」花槽開始做起，藉以熟悉工具的使用方法和施工的程序。進階應用的做法，可以讓木板條之間留空隙，或是在上部的邊緣做點裝飾造型也別有趣味。

除此之外，也可使用線鋸機做曲線造型的變化，或是利用修邊機雕刻出溝紋，或將多塊木板加以組合出表面有花紋的花槽。

●更多變化的花槽

等到熟悉木工技巧之後，就能為格狀圍籬或是室外機的遮蔽箱附加上花槽，或是挑戰長板凳與花槽結合等等更高難度的木工作業。

範例

打造能遮蔽盆器的木箱花槽

設計的重點在於花槽與樹木之間比例的均衡性，還要配合置放場所的氛圍。若考慮放在室外，可選用防水性和防腐性優異的不鏽鋼片，雖然又重又硬，但是十分耐用。

完成圖

作業的流程

1 切割組裝配件
2 組裝兩側側板
3 在組裝好的側板上安裝前板
4 安裝後板
5 安裝底部和蓋子
6 最後的修飾作業
7 將剩餘的木板做成小花槽
8 完成

使用的工具

- 測量工具：木工角尺、量尺
- 固定工具：夾具、彈簧夾具
- 切割工具：鋸子、線鋸機、圓鋸機、鐵皮剪刀
- 挖孔、雕刻的工具：電鑽
- 削磨工具：打磨機
- 接合工具：鐵槌、電鑽、電動螺絲起子、釘槍
- 塗抹工具：毛刷、布（破布）

使用的材料

- 不鏽鋼片、美西紅側柏（角材）、粗牙螺絲、釘子、網子、不織布、油性著色劑

1 切割組裝配件

① 切割側板

按照量好的尺寸切割側板。量尺寸時要在內側的平坦面上做記號。鋸子刀刃的寬度也要計算進去。只要偏離幾公釐就可能會整個組裝不起來。因為材質很硬所以要使用附有專用導規的圓鋸機。

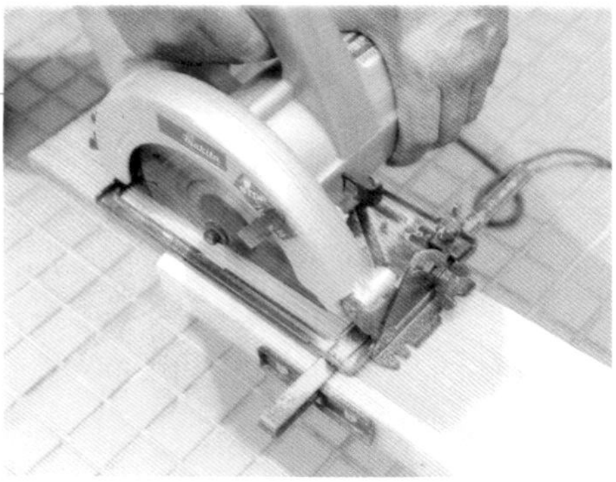

② 在裝飾的部分做記號

在內側面做記號。連接曲線的直線用木工角尺來畫線。

POINT

曲線部分可以利用圓形的東西，線條會畫得比較漂亮。

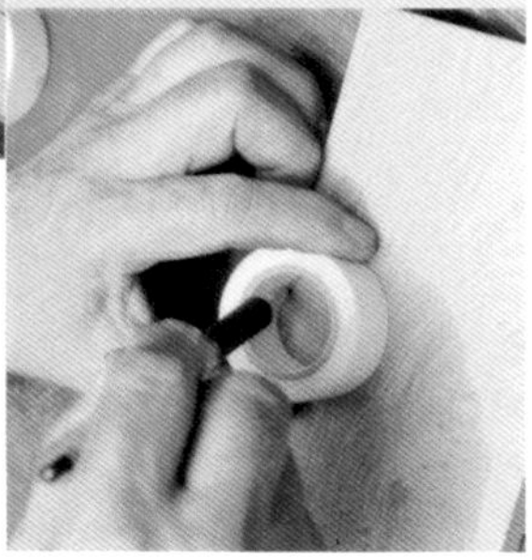

範例裡的木箱花槽的構造

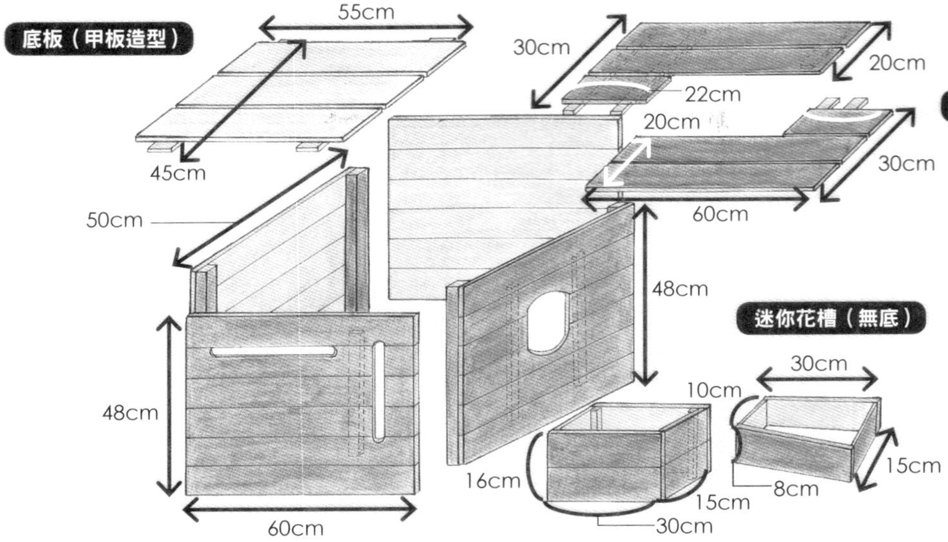
底板（甲板造型）
55cm
45cm
50cm
48cm
60cm
30cm
20cm
22cm
20cm
木蓋板
30cm
60cm
48cm
迷你花槽（無底）
30cm
10cm
16cm
15cm
30cm
8cm
15cm

注意！

在使用線鋸機時，要將板子牢牢地固定在作業台上。

曲線的部分要慢慢切割。

3 用線鋸機切割裝飾的部分

為了避免表面出現毛邊，所以切割時內側面要朝上。

2 組裝兩側側板

1 利用夾具固定好板子

在用螺絲將板子固定在支撐板子內側的角材上時，預先在角材左右兩處用夾具將其固定在作業台上之後再進行作業，就能很簡單的讓板子和角材成直角相接。

2 用螺絲將側板固定在支撐角材上

用於側板的材料因為比較薄，因此很容易就能固定在支撐角材上就製作完成。

3 在組裝好的側板上安裝前板

❶ 將前板固定在左側板上

由下往上用螺絲逐一將前板的板材固定在左側板上。從內側用釘子將支撐角材固定在前板兩個裝飾孔的中間。

❷ 將右側板固定在前板上

將前板和右側板用螺絲組裝在一起。

❸ 鎖上螺絲進行組裝

用電鑽在側板上鑽出 2mm 的底孔後，再鎖上 35mm 的螺絲。板子的寬度是 9cm，在板子兩端距離邊緣約 1.5cm 處，各別鎖上一根螺絲。

4 安裝後板

❶ 後板的組裝

由下往上依相同工序逐一用螺絲將後板的板材安裝上去。

❸ 將兩塊小木板裝上去

最後在裝飾孔的旁邊裝上兩塊小木板。

5 安裝底部和蓋子

1 安裝底部

依照木箱的內部寸尺製作木棧板。比起把盆器直接放在地板上較好，而且放在木棧板上比較通風不悶熱。若尺寸合適也可直接買市售的木棧板。

2 試安裝蓋子

為了方便拿進拿出放在裡面的盆器，把蓋子做成兩件式會比較好用。可以用釘子從內側將角材固定在蓋子上即可。

木箱完成！

中間的洞口是依照植物的粗細度決定大小。

專家的建議

因為底板是會沾到水的地方，若使用的是市售的木棧板，要仔細地整個塗上油性著色劑。

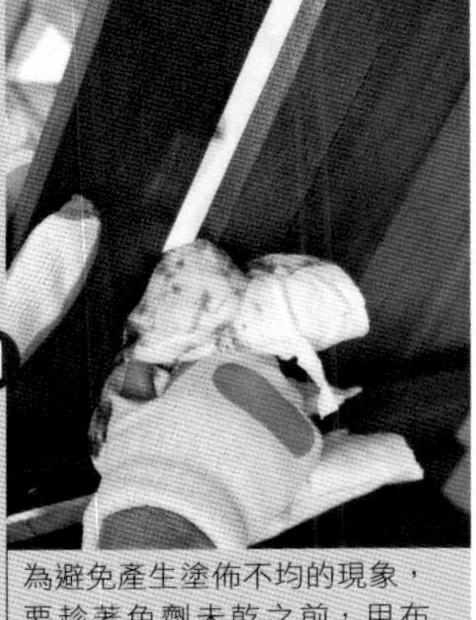

為避免產生塗佈不均的現象，要趁著色劑未乾之前，用布（破布）將多餘的塗料擦去。

6 最後的修飾作業

1 利用油性著色劑進行塗裝

在切面及切口上塗抹油性著色劑。建議使用刷子，塗的時候要讓著色劑滲入木材。

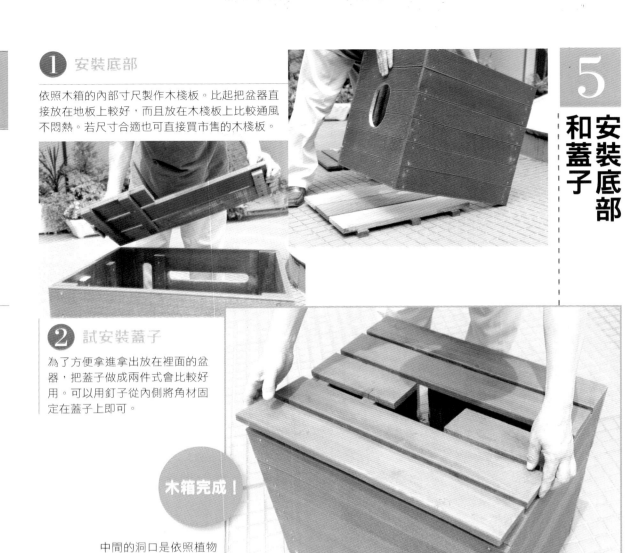

POINT

將網子擺好位置貼合於側面，用釘槍暫時固定住網子，會比較方便作業。

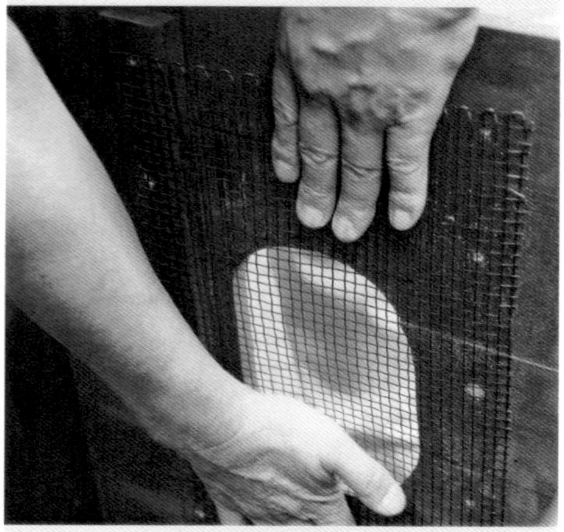

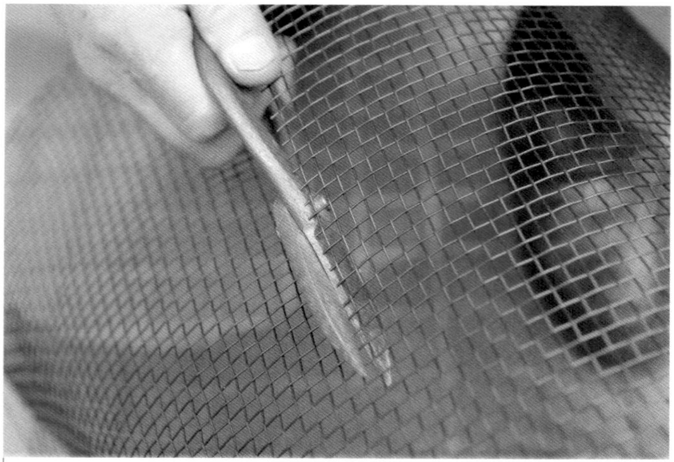

2 在裝飾部分加上網子

在裁切要加裝在裝飾部分的網子時，其大小要比洞口稍微大一點。

裝飾完成

前板的裝飾部分，亦同樣加裝網子和不織布。

3 用角材將網子連同不織布一併固定

用角材固定網子。為了使外面無法看到裡面，把不織布夾在網子和角材中間，鎖上螺絲加以固定。

7 將剩餘的木板做成小花槽

專家的建議

使用長鑽頭時，要抓穩木箱花槽本體，避免搖晃。

在將小花槽安裝到木箱花槽本體時，使用的是長鑽頭。

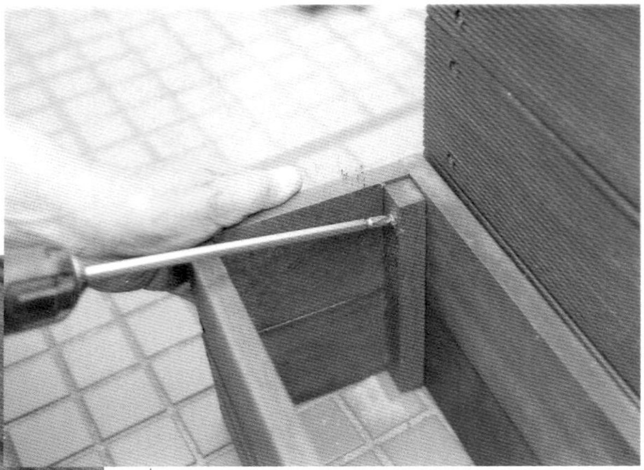

1 將做好的小花槽安裝上去

依據要放進的植物盆器大小去決定小花槽的尺寸。

8 完成！

因為是非常耐用的木箱花槽，所以放在室外也沒有關係。

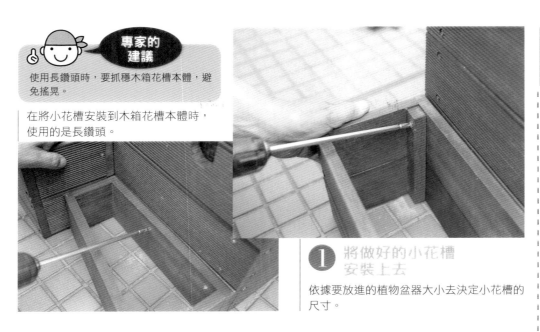

動手做做看！！

設置 錐形花架

在花壇等平坦的場所擺放高度較高的裝飾物，會讓庭院看起來更有深度感和高低層次變化。在無法栽種較高植物的場所，可以試著放置錐形花架等擺設品。關鍵重點在於材料的材質能否與環境氛圍協調搭配。木作花架不耐風吹雨淋是其缺點，因此市面上也有許多鐵製品可供選擇。

❶ 組裝好市售的錐形花架，在花壇裡進行試擺。從各個角度去觀看花壇，決定一個最好看的擺放位置。

❷ 在試擺錐形花架的同時，確認花壇整體空間的規劃佈置，再將植物定植於花壇裡。

❸ 在擺放錐形花架時，要小心不要踩到種好的植物。

❹

光是錐形花架雖然已具裝飾效果，但若是能在錐形花架附近種植蔓性植物，讓它們順著錐形花架攀附而上，就可以變成一個充滿綠意的植物塔。

用麻繩將植物固定於錐形花架上，避免植物被風吹斷，同時穩定植物。

❺ 完成

動手做做看！！

木作室外機遮飾箱

放在道路或是庭院角落的室外機其外觀醒目，往往成為破壞景觀的主要原因。同時因為會有風從此處排出，使得其附近的植物佈置變得困難。所以，試著為室外機安裝個遮蔽箱吧！用木質遮蔽箱遮住金屬的室外機，不僅不會破壞庭院的氣氛，反而可以增添空間的視覺美感。

1 將配件從箱子裡拿出來，全部攤開，確認各零件屬於哪一個部分。先從正面開始組裝，然後組裝側面。

市售的室外機遮蔽箱組裝套件
（購買之前先確認室外機的大小）

2 側面組裝好之後，將上蓋組裝上去。

3 將遮蔽箱架設在室外機外面，擺放時要確認四隻腳是否平穩不會搖晃。

4 完成

木作裝飾❷

庭園長板椅凳

能融入庭園景觀的木質長椅凳很適合做為休憩的空間。在決定形狀、顏色之前，須事先考量使用性、動線等因素。

長椅凳製作要點

●講求設計性

為了讓手工製作的長椅凳能長久擺放在庭院裡，設計時不僅要配合庭院或是房子的氛圍，其尺寸大小與庭院裡其它傢具也必須均衡搭配。在設計時必須思考是要像板凳那樣無椅背的還是寬敞舒適有椅背的，一人座還是兩人座等款式，設計上若能兼顧實用和外觀是最好不過了。

除此之外，即使是同樣的顏色，也可能會因為採光的差異，而給人可愛或是花俏等不同的感覺。請不要忘記，自然環境也是設計時必須考慮到的條件之一。

●講求易使用性

讓人覺得好坐的長椅凳是坐在上面時不會令人感到疲累。高度或是椅背的角度，或有桌子的話，長椅凳與桌子的高度是否適當也會成為設計的重點。此外，若是會長時間使用，例如讀書或是用餐，也要能夠支撐整個身體的重量並且給人安心感。

庭院可說是第二個客廳。是否符合自己的生活型態，以及是否使用性佳，都是首要留意的重點。

●嵌入式的長椅凳簡潔清爽

空間受限的庭院，在擺放新的庭園傢具時，有時會遇到其尺寸與空間大小無法契合的狀況。此時，若能將長椅凳和花壇等庭院設施結合為一體，做成嵌入式的長椅凳，就會讓庭院空間看起來簡潔清爽。

範例 木作長板椅凳

首先來製作只需將切好的木材組裝固定，造型簡單的長板椅凳。沒有椅背而簡單樸素的長板椅凳放在庭院的角落不會產生違和感，而能自然地融入風景裡。

作業的流程

1 準備組裝配件
2 組裝椅腳
3 安裝支撐橫木
4 製作椅面
5 完成

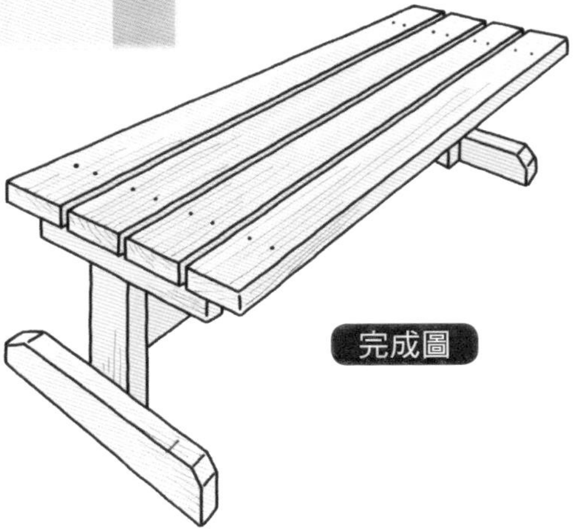

完成圖

使用的工具

- 測量工具：木工角尺、量尺
- 固定工具：夾具、彈簧夾具
- 切割工具：線鋸機、圓鋸機
- 挖孔、雕刻工具：電動螺絲起子
- 削、磨工具：打磨機
- 接合組裝工具：鐵槌、電鑽、電動螺絲起子

使用的材料

- 美西側柏、螺絲、油性著色劑

1 準備組裝配件

1 測量尺寸切割

用木工角尺測量直角並測量材料尺寸。估算好刃刃的寬度後再用線鋸機進行切割。

●範例裡的長凳構造詳圖

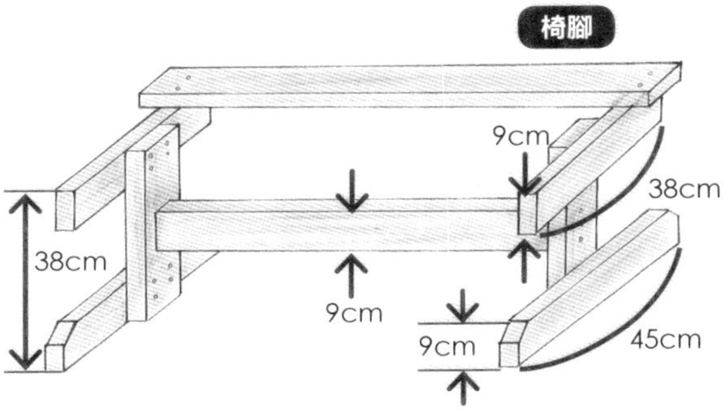
椅腳
9cm
38cm
38cm
9cm
9cm
45cm

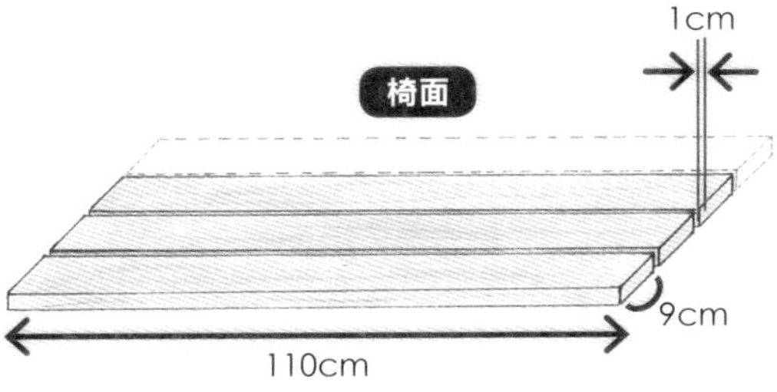
椅面
1cm
9cm
110cm

2 組裝椅腳

❶ 製作椅腳的下部

將要做為椅腳下部的木板末端斜向切除。

用螺絲固定。

❷ 安裝椅腳的下部

將椅腳下部木板的正中間對準與其呈垂直擺放木板的寬度中心點，並做上記號先鎖上一根螺絲加以固定。

POINT

要確認是否垂直，可放在平坦的板子上就能確認。

❸ 用螺絲牢牢固定

因為是椅腳的部分，所以要用四根螺絲牢牢固定以避免搖晃。

椅腳完成

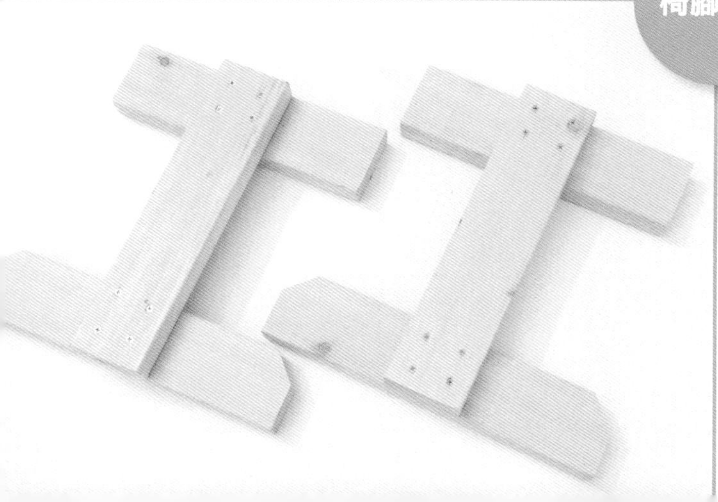

❹ 安裝對側部分

對側支撐座的部分也要確認是否垂直並牢牢固定。

3 安裝支撐橫木

❶ 決定鎖入螺絲的位置並打好底孔

決定好椅腳橫木的安裝位置，在上下兩處先打好要鎖入螺絲用的底孔。

❷ 用螺絲固定

用螺絲將椅腳和支撐橫木牢牢固定在一起。

❸ 安裝對側部分

測量安裝好的這側橫木位置。

在另一側椅腳上做記號標示出要安裝橫木的位置。

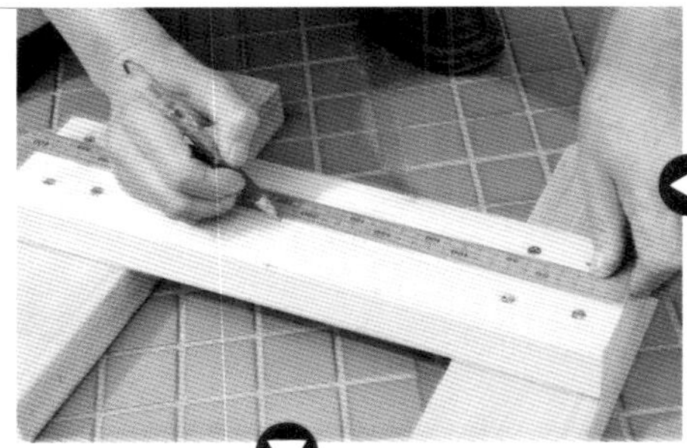

注意不要讓橫木歪斜，同樣以螺絲牢牢固定。

便利的工具

組裝時為了不讓木材的位置偏離，可以用一種被稱為彈簧夾，長得像鉗子的工具夾住。也可以拿曬被子用的塑膠大夾子來取代彈簧夾。

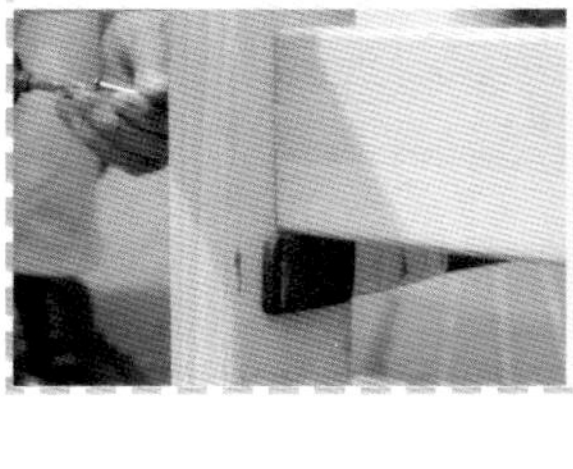

4 製作椅面

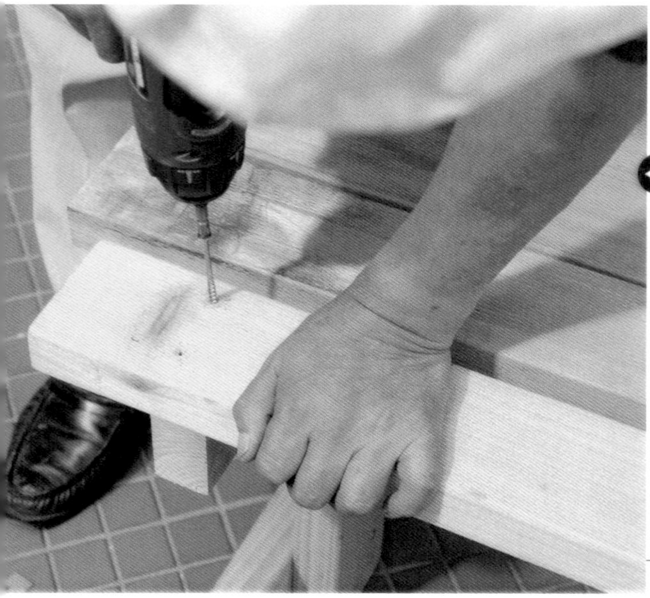

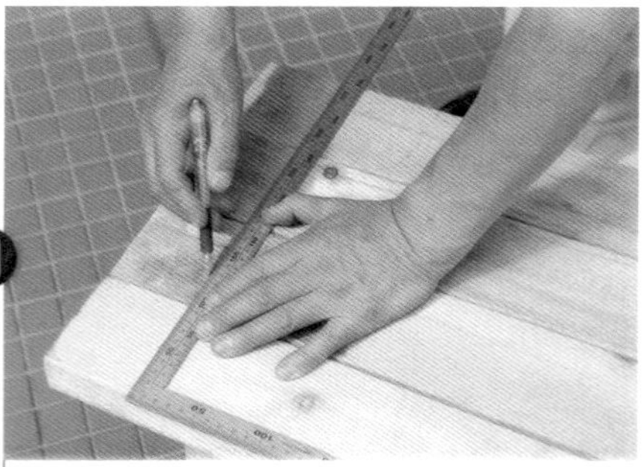

1 決定好要鎖螺絲的位置

將椅面所有木板放在椅腳上測量尺寸，找出椅面與椅腳接觸面的寬度中心線並做上記號。

3 用螺絲固定

一塊木板用兩根螺絲牢牢固定。

椅面完成

將椅面固定在椅腳上。

椅面的一塊木板組裝好了。

5 完成！

若能塗上與置放場所搭配的顏色，就更能為庭院增添視覺效果。

磚砌烤肉爐灶

烤肉爐灶是「鋪磚」、「砌磚」的應用篇。使用四角形的磚塊即使是初學者也能輕鬆完成。視個人手藝技巧，也可以做有煙囪的爐灶。

烤肉爐灶製作要點

●預定的整地

因為會使用到火，所以預定設置爐灶處附近必須沒有房屋、棚子等建築物。除此之外，該處是否適合設置爐灶，從土地的表面部分很難確認，所以要往下挖掘20公分左右判斷是否能施作基礎。遇到有砂石或柵欄之類的擋土牆，必須變更設置場所。

●基礎要做得穩固

因為要把很多很重的磚頭往上堆高，因此整個施工過程絕不能投機取巧。除此之外，一定要等水泥砂漿完全變乾，所以砌磚作業必須要等基礎工程完成約一週之後再開始進行。

●烤肉爐灶的設置條件

往下挖掘約 20 公分確認施作基礎是否會有問題。

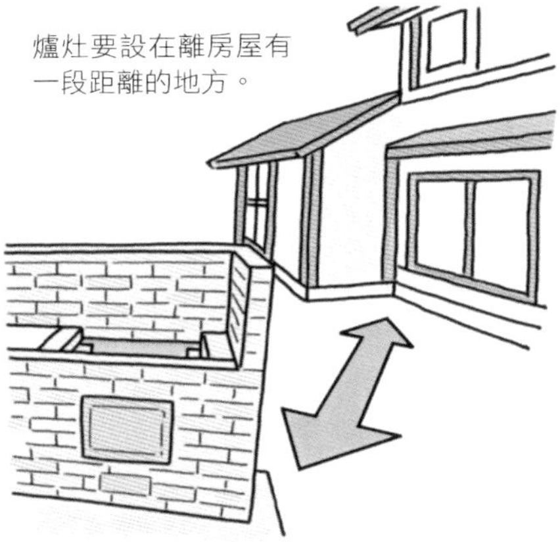
爐灶要設在離房屋有一段距離的地方。

範例

兼具實用和裝飾性的烤肉爐灶

打造一個能與親朋好友享受戶外庭園派對的烤肉爐灶。這裡要介紹的是使用到混凝土塊，連新手都能在短時間完成的烤肉爐灶。並且示範從基礎工程到施工完成的整個過程。

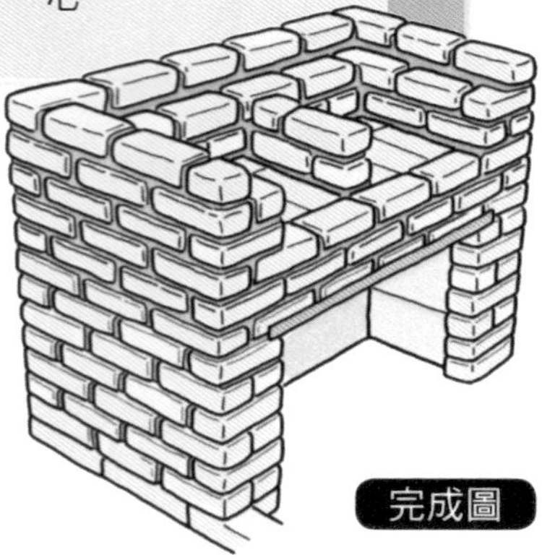

完成圖

作業的流程

1 前置作業
2 砌作基座磚塊
3 砌作基座的空心磚
4 架設炭火床
5 砌作爐灶側面
6 最後的修飾作業
7 完成

使用的工具

- **測量工具：**量尺、木工角尺、水平儀、水線
- **整地工具：**整地器、耙子
- **製作砂漿的工具：**鏟子、水桶（或儲水盆器）
- **作業工具：**勾縫鏝刀、鏝刀、桃形鏝刀、鏝板
- **掃除工具：**海綿、掃帚、刷子

使用的材料

- 磚塊、河砂、空心磚、水泥

1 前置作業

❶ 把空心磚事先砌好

試堆疊基座部分的混凝土塊，估算好尺寸、磚塊的數量和排列的方式。

POINT

在進行前置作業時，要再次確認庭院面積與爐灶尺寸之間的比例是否均衡？爐灶的高度是否方便使用？

●烤肉爐灶的構造詳圖

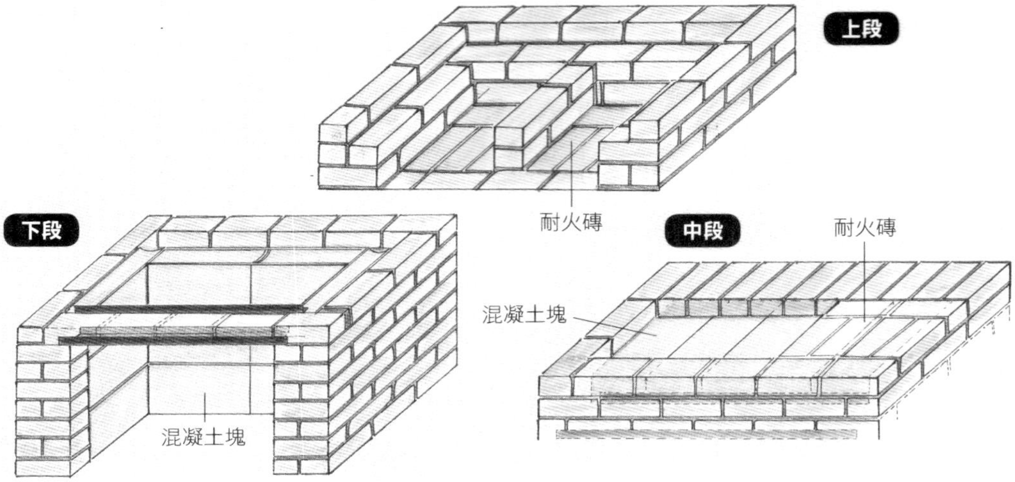
上段
耐火磚
下段
混凝土塊
中段
耐火磚
混凝土塊

2 砌作基座的磚塊

❶ 側面、後面的磚塊的砌作

一邊用水平儀測量水平，一邊用鏝刀把柄做微調，逐層往上砌作。

砌作後面的磚塊。

砌作另一邊的側面。

3 砌作基座的空心磚

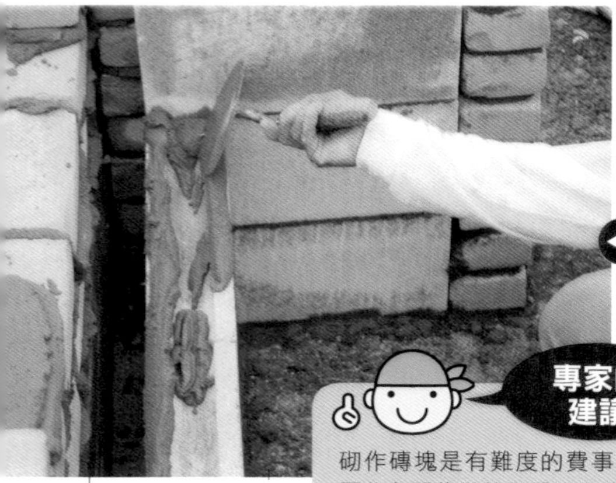

第 2 層、第 3 層，逐步往上砌作。

專家的建議

砌作磚塊是有難度的費事工作，因此在那些從外面看不見的地方，用空心磚來替代磚塊可以節省時間，而且測量水平也比較容易。

1 砌作基座的空心磚

在疊砌好的磚塊內側砌作空心磚。

4 架設炭火床

1 鋪設炭火床底面骨架

在基座上架設鐵板排放磚塊，用水泥砂漿固定。

排放混凝土塊，做為磚塊的基座。

3 在台面的中間排放空心磚

炭火床的部分，砂漿要鋪得平整沒有空隙，如此在排放空心磚時會比較容易。

2 炭火床的後側部分處理

在疊砌好的磚塊內側砌作磚塊。

4 調整高度

用水平儀測量水平，一邊調整底面高度，一邊鋪設耐火磚。炭火床就完成了！

5 堆砌爐灶側面

注意！

在砌磚過程，利用水泥砂漿微調接縫的間隔。

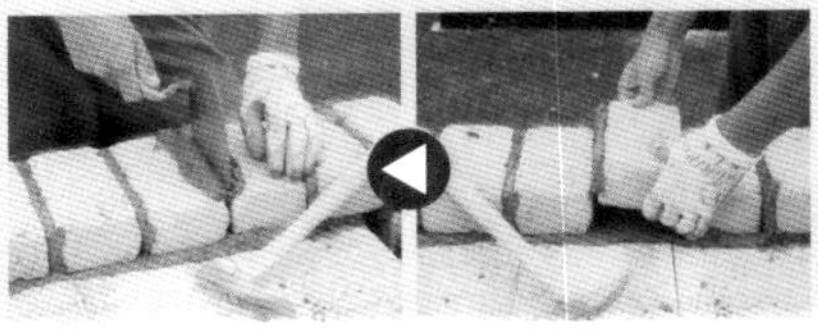

❶ 砌作耐火磚

在爐灶的周圍逐層砌作耐火磚。

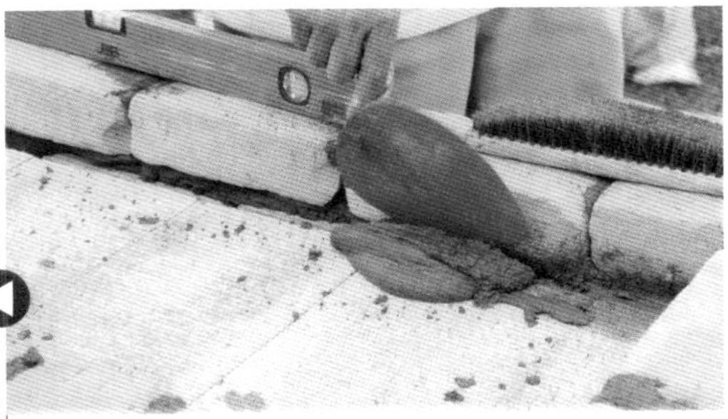

❷ 在中間部分鋪上耐火磚

在空心磚上鋪上耐火磚，就完成炭火床的底面。

6 最後的修飾作業

❶ 鋪設可以放烤網的地方

一邊測量水平，一邊砌作放烤網用的耐火磚。

POINT

雖然可以利用接縫進行微調，但是若遇到磚塊很難放進去的情況，可以把塞不進去的部分切掉。

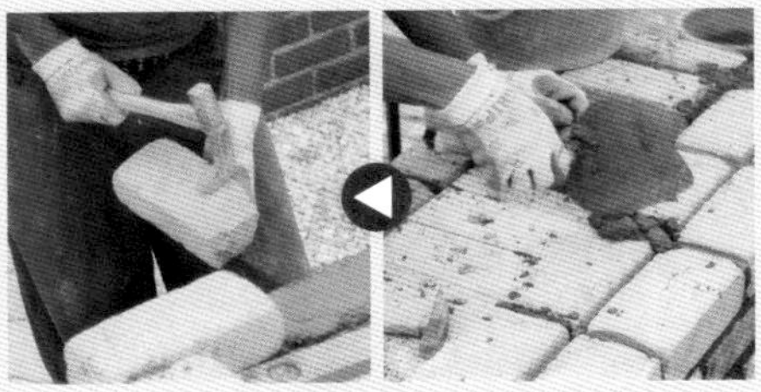

可放烤網的耐火磚鋪設完成。

中央部分的磚塊在鋪設過程也要確實地測量水平。

② 最後的修飾作業

利用刷子或是沾濕的海綿將磚塊部分的髒污清除乾淨。

7 完成！

陽台鋪面翻新

陽台是我們就近可享受園藝樂趣的地方。但是陽光還有風等因素，對植物生長而言可能會是個嚴酷的環境。在管理方法上下點工夫，即可享受陽台帶來的樂趣！

翻新陽台的注意要點

●使用陽台的注意要點

依據不同公寓的狀況，有些公寓的陽台可能被歸屬於緊急通道。因此屬於公共空間的陽台基本上是不能堆放物品的。想在陽台享受園藝樂趣之前，務必要事先確認清楚這個陽台是私人專有空間還是公共空間。

即便是私人空間，還是可能會因為被緊急逃生門或緊急逃生口佔據空間，或是因為堆放物品而導致無法使用的情況。此外也要考量樓上住戶的逃生口會從陽台的天花板降下逃生梯，因此其下面的空間也不能堆放物品。

●注意安全性

陽台對於重量也有荷重的限制。很重的材料或是植物都不能無限制地擺放。

護欄的旁邊最好不要擺放盆器等物品，以免小孩借助這些物品爬上護欄有摔落的危險。同時也要注意水或葉子等東西是否會滴落或掉落到樓下。

●排水溝和排水管的處理

利用陽台栽種植物難免會產生一些塵土等廢棄物，這些廢棄物很容易會在澆水或是下雨的時候隨著水流出去，若排水口不能攔截過濾廢棄物時，可能會變成雨水排水管等堵塞的原因，所以要特別注意。

範例

鋪設磁磚 讓地板 煥然一新

本範例是把原有的人工草皮換成磁磚、塑木地板，將陽台翻新，改造成舒適悠閒的空間。磁磚尺寸不合的地方，可利用砂石加以固定。

完成圖

作業的流程

1. 前置作業
2. 鋪設塑木地板
3. 鋪設市售現成的磁磚
4. 最後的修飾作業
5. 完成

使用的工具

- ●切割材料的工具：剪刀、鋸子
- ●清掃工具：海綿、掃帚、刷子

使用的材料

- ●塑木地板的板材、磁磚

現狀

1 前置作業

❶ 拆除人工草皮

把目前正在使用的人工草皮拆除。

❷ 清潔打掃

在鋪磁磚等鋪設材料時，即使是小垃圾，只要跑到磁磚底下，就會造成磁磚難以固定。此外，垃圾一旦跑進鋪設材料下面就很難取出，所以在鋪設之前務必要先清掃乾淨。

2 鋪設塑木地板

❶ 試擺塑木地板

順著塑木地板的花紋，正確無誤地排列好，進行試擺。

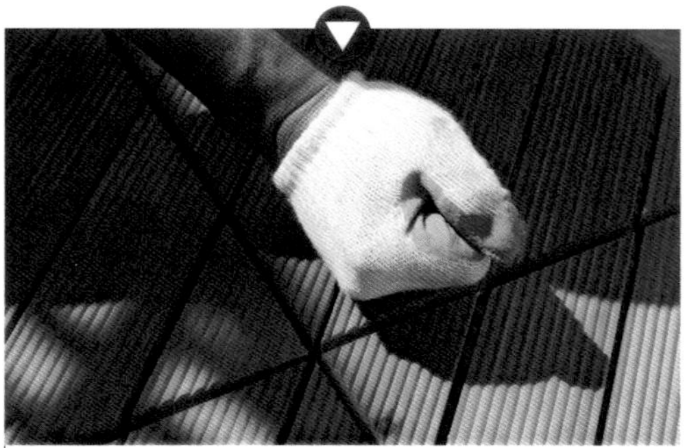

❷ 鋪設塑木地板

將塑木地板按照花紋擺放，對齊卡榫，將地板拼接起來並敲打接合處加以固定。

3 鋪設市售現成的磁磚

❶ 試擺磁磚

試擺磁磚，鋪設時要一邊觀察及確認整體的設計。

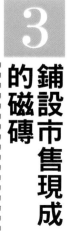

鋪上磁磚的狀態。

2 固定好接合處

敲打所有卡榫接合固定的地方，使其更加密合牢牢固定。

專家的建議

磁磚卡榫的位置會因磁磚種類而有所差異，某一邊的卡榫若沒切取，可能會無法排設磁磚，要小心注意。

8 完成！

磁磚鋪設完成！

4 最後的修飾作業

1 構造物周邊的處理

若遇到因為室外機等構造物的關係而無法鋪設一整塊完整的塑木地板時，可以配合構造物的形狀將地板切掉一部分。

POINT

由於磁磚沒辦法切割，鋪不滿整塊磁磚的地方就不要鋪，改用磚頭、砂石等材料去填補、處理。

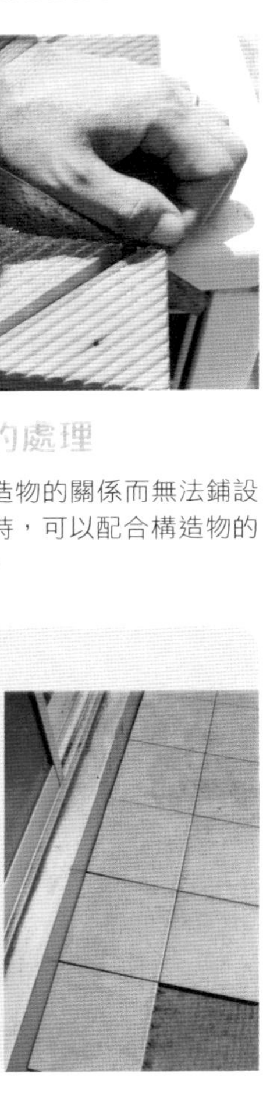

動手做做看！！

卵石鋪置

在陽台鋪好磁磚或是塑木地板，盆栽也擺放好了，但是其與室外機等構造物之間竟出現一些空隙。此時，可以利用石頭或是磚頭巧妙地把這空隙覆蓋隱藏。若使用的是磚頭就沒什麼大問題，但若使用的是細石，可能會從空隙跑進塑木地板下面，或是成為排水溝堵塞的原因，所以要先鋪一層不織布襯底後再放上砂石。

POINT

裁切底布時要比較鋪設場所再大一點，讓底布邊緣可以立起來。

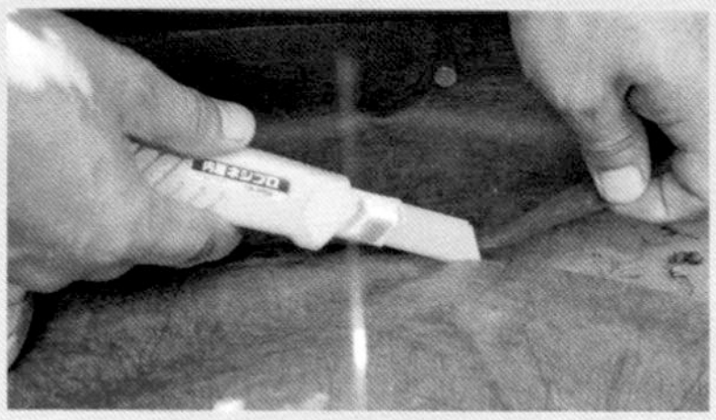

專家的建議

因為襯底布在鋪砂石的整個過程中，邊緣要立起來，因此可以用圖釘或是膠帶暫時固定住會比較方便作業。

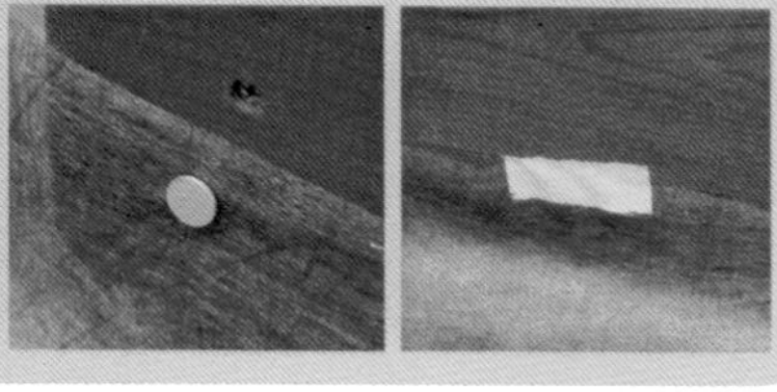

1 在塑木地板和盆栽之間的空隙鋪上一層襯底布，這樣可以防止砂石往排水溝的排水口等地方流。

2 在不織布襯底布上面放置石頭，先從大石頭開始擺放，再把較小的石頭放入大石頭的間隙。

④ 最後來進行修飾作業。把露出來的多餘底布切掉。超出磁磚邊緣的多餘底布也要切掉。

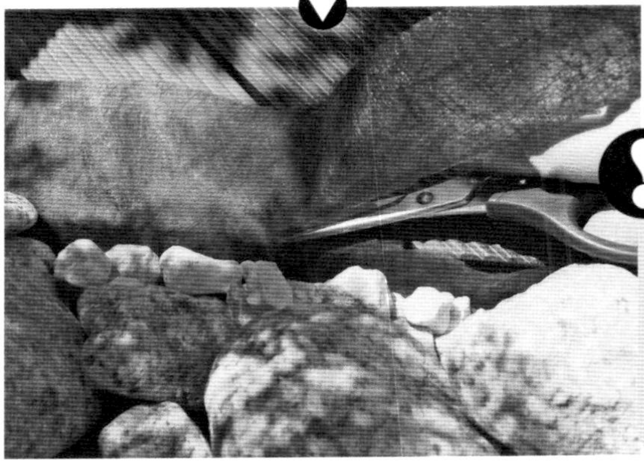

③ 當鋪設的地面與磁磚的大小不完全吻合時會出現空隙，可利用砂石等材料去填補空隙，以防止塑木地板滑移動。除此之外，在排水溝等地方鋪上砂石可以避免塵土、垃圾等雜物直接往排水口流。

POINT

若鋪好石頭後發現可以從間隙看見下面的襯底布，此時可放入砂石加以遮蔽。

⑤ 完成

植栽工程①

植物配置的重要性

能增添庭院氣氛的植物是庭院佈置不可或缺的重要材料。想要快樂享受與植物為伍的生活，就得先了解植物的生長環境。

擬定植栽計畫

植栽計畫的重點就在於如何讓整體配置看起來賞心悅目。千萬不可一味地拼命收集喜歡的植物，而把所有植物隨意擺在一起種植。在擬定計畫時，要事先想好植物未來幾年會長成什麼樣子，並且考量庭院的面積，讓每個植物都能與庭院空間協調搭配。

●首先要挑選植物

挑選植物要到園藝賣場或花市去看過實物後再篩選出來。植物數量太多，很容易會變成雜亂無章的庭院。

●考慮要讓何種植物成為庭院的主角

要決定讓哪種樹成為庭院主角的象徵樹；花壇的部分則要決定讓何種植物做為視覺焦點（能吸引目光）。與建物或是花壇外緣等構造物是否能搭配也是要考慮的地方。尤其是樹木必須考慮到種下去之後的姿態模樣，像是枝條會如何伸展、生長的速度等。

●考慮要用何種植物裝飾樹木與樹木之間的間隙

再來要考慮的就是陪襯主角的植物。首先要決定構成庭院或是花壇外圍輪廓的植物。以庭院來說就是區隔庭院或空間的綠籬植物。花壇的部分則要從一年四季沒有太多變化的多年生草本植物，或是宿根性草本植物的裡面去挑選。

此時，庭院或花壇架構已大致完成時，再來就要決定在其周邊要種植哪些能讓人體會到季節感的植物。這裡要注意的是，花朵和葉片的形狀或是顏色是否協調，以及各式各樣的植物應避免一株一株分散種植，以免顯得龐雜無序，同時也會削弱主角植物給人的印象。

制定植栽計劃

決定要成為象徵樹的樹木

象徵樹是代表這個庭院或這個家庭的一個象徵標誌。照片裡的這顆樹便扮演了象徵樹的角色。

決定能襯托主角的陪襯植物

花壇的外圍建議選擇多年生或宿根性草本植物。

決定要成為視覺焦點的植物

在該庭院或是花壇裡面能吸引目光之處（植物或是構造物）就是所謂的視覺焦點。照片裡的花壇裡，紫紅色的朱蕉正在宣示著它的存在感。

樹木的移植種植

樹木和草花不一樣，因為其體積比較大，移植要特別注意對其所造成的傷害。為了減輕傷害，同時讓樹木能盡早恢復生命力並適應移植後的環境，必須做好移植前的準備工作。

進行斷根作業的目的

將植物挖掘出而移到別的地方去種植的作業稱之為「移植」。植栽作業所使用的樹木，通常需要移植已生長到某種程度的樹木。樹木挖掘出之後，若不能馬上種植，就會對樹木造成負擔，可能會導致樹木死亡。

斷根的目的是要讓樹木根部的末端能長出吸收養分和水分的細根，移植時，因為重要的根被切斷的緣故，會導致樹木變得衰弱。而且根被切斷之後，要長出新的根，至少要花上半年的時間。

因此，植栽作業所使用的樹木，必須預先挖掘出，並進行所謂的「斷根」及「養根」作業，其目的是為了讓樹木的根能萌發新的細根，讓樹木不會因為移植造成損傷，能供後續植栽生長使用。

●斷根作業的時間

正值生長旺季的樹木，即使把根切掉，也很容易萌發新根，但即便正值生長旺季期間，一般所使用的樹木其發根大概需要半年，所以必須依照移植時間往回推算斷根作業的時間，而且因為樹的品種、樹的年齡也會有差異，最好是先查閱相關資料加以確認。

為了移植而預先挖掘進行斷根作業的松樹。

●斷根作業的方法

挖作業溝

為了後續的樹木挖掘，預先在樹幹的基部周圍挖作業溝。

幹基部直徑
幹基部直徑
的3～5倍

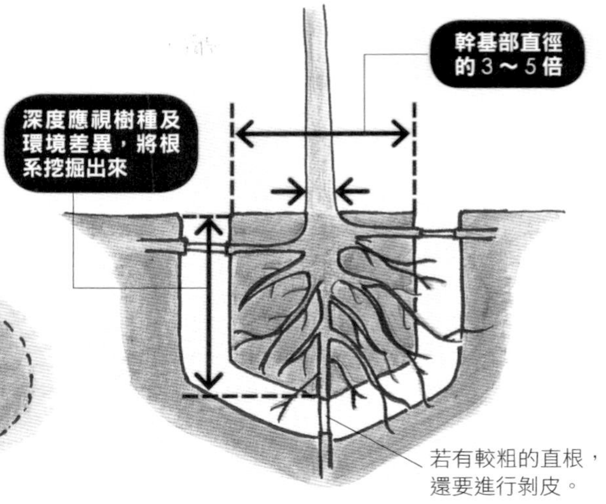
幹基部直徑
的3～5倍
深度應視樹種及
環境差異，將根
系挖掘出來
若有較粗的直根，
還要進行剝皮。

環狀剝皮法斷根

粗壯強健的支持根要進行環狀剝皮法斷根以促使其萌發大量細根。

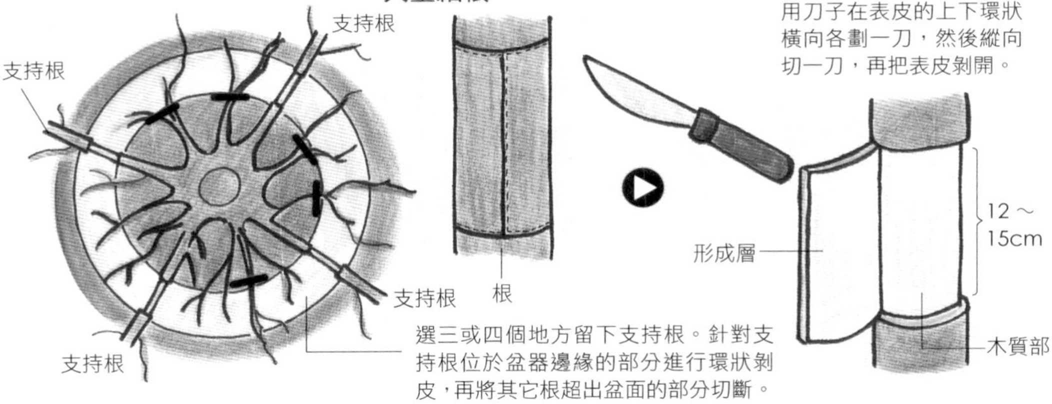
支持根
支持根
支持根
支持根
根
選三或四個地方留下支持根。針對支
持根位於盆器邊緣的部分進行環狀剝
皮，再將其它根超出盆面的部分切斷。
用刀子在表皮的上下環狀
橫向各劃一刀，然後縱向
切一刀，再把表皮剝開。
12～
15cm
形成層
木質部

回填土壤養根

完成環狀剝皮之後，用混合了有機堆肥的客土回填植穴。

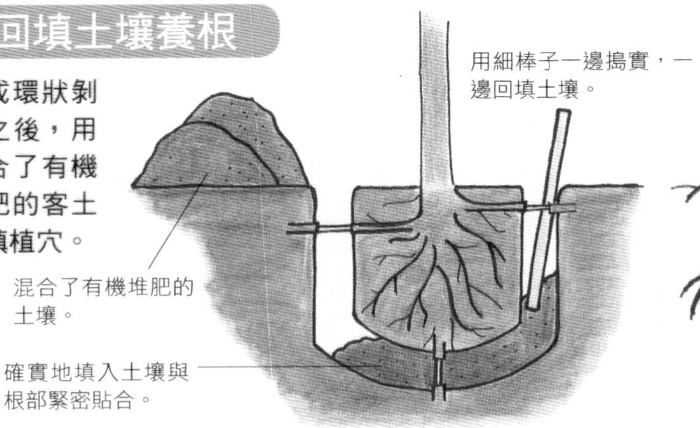
用細棒子一邊搗實，一
邊回填土壤。
混合了有機堆肥的
土壤。
確實地填入土壤與
根部緊密貼合。

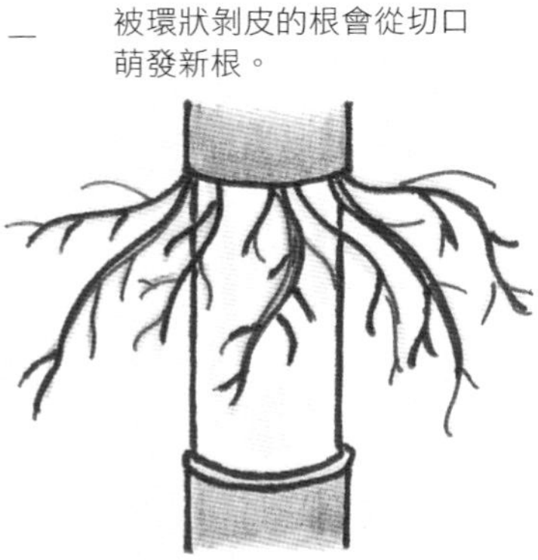
被環狀剝皮的根會從切口
萌發新根。

●斷根作業之後要進行養根的維管工作：① 支柱固定，② 施基肥，③ 用麻布纏繞包覆樹幹，④ 澆水，都是很重要的。

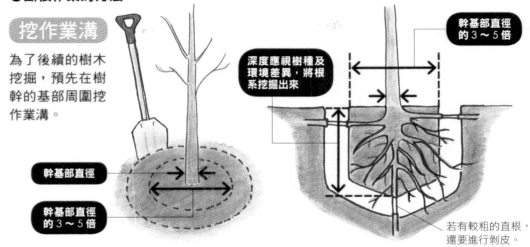

樹木移植

將盆栽或完成斷根作業的樹木挖掘移到新的栽種場所稱之為移植。移植時要注意的就是讓樹木在新的場所能夠適應良好，有關樹木適合或不適合移植等特性以及新環境的狀態，都必須先調查清楚才能進行移植。

●移植作業的流程和事前調查

■**針對樹木的狀態的調查：**樹木的品種、移植的時間、成活率還有對移植的適應力，樹勢、樹齡、樹的大小、是否感染病蟲害，都要先調查清楚，據以判斷斷根作業的必要性、修剪的強度，並決定適合移植的時間。

■**針對環境的調查：**移植地點的土壤狀態、日照條件，以及移植的距離和搬運的方法也要事先確認。

●移植難易度影響因素的確認

■**移植地點環境的相關確認：**是向陽處還是陰暗處，是否位於住宅區或會吹到海風的地方等。目前場所和新場所的環境是否有很大的差異呢？否則就必須考慮是否需改變移植時間或地點。

■**根部形狀的相關確認：**要移植的樹木即使正值生長旺季期間，若遇到有粗根的情況，切根的動作很可能會造成該樹木的致命傷，因此必須稍微將根部掘出，用肉眼確認根的狀態。

■**根的再生能力（是否會很快長出新根）的相關確認：**雖然會因為樹木的品種而有差異，但一般而言，正值生長旺季的樹木，會比較容易萌發新根，但若是樹勢差，就算是生長旺季，根再生的速度也很有可能會變得緩慢。

■**樹齡的相關確認：**若是老樹，因為樹勢衰弱的關係，移植很可能會造成根部的損傷甚至導致樹木枯死。因此，為了降低移植造成的損傷，在進行斷根作業之前和之後都要進行維護管理，給予樹木足夠的休養時間。

此外，針對大樹必須要考慮到的就是，因為樹體大，所以其根部延伸的範圍也比較大，在進行斷根作業時更要謹慎小心。

相較於老樹，年輕的樹只要沒有病蟲害，通常比較經得起移植的折騰。

●根的形狀

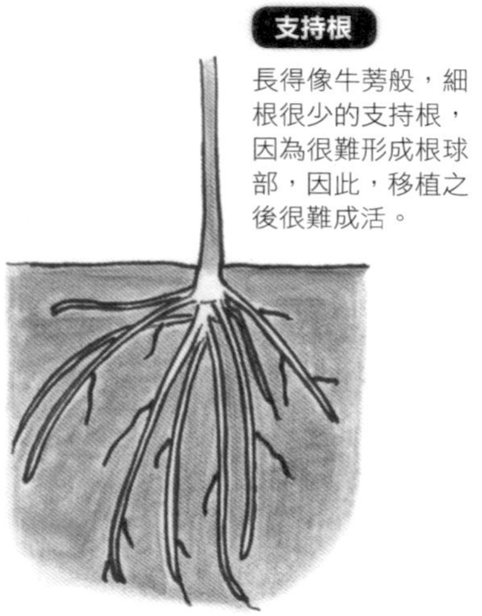
支持根
長得像牛蒡般，細根很少的支持根，因為很難形成根球部，因此，移植之後很難成活。

吸收根
因為細根很多，很容易形成根球部，移植也比較容易。

■氣候、季節、定植點的土壤狀況相關確認：遇上夏季連續炎熱或是連續晴天，或者是冬天連續寒冷乾燥等等時期，因為樹木吸水的狀況會跟平常不太一樣，移植時容易造成樹木損傷，建議避開這些時候。除此之外，遇到新場所的土壤貧瘠，或是石頭很多等不適合植物生長的情況，可以在土裡混入培養土有機質，翻土整地之後再進行移植。

●移植適期

雖然會因樹木品種而有所差異，但只要不會對樹木造成負擔，在移植後的新場所容易成活的時期，就是移植適期。

基本上落葉樹種及針葉樹種可在休眠期的冬天至春天發芽期之前進行移植，在樹木完成養護，天氣變暖之際，讓其在新場所逐漸生根成長，在夏天來臨之前成活可說是最佳的狀況，但仍會因為樹的品種、移植的土地狀況而產生差異，因此要移植的樹木務必依照下列條件逐一確認。

■是否處於休眠期：落葉樹種若在這段時間進行移植，對樹木的負擔較少，也比較容易適應新場所的環境。

■是否是光合作用形成的澱粉蓄積量較高的時期：要在光合作用所產生的澱粉在樹木內的蓄積量高，而且使用率較少的時期進行移植。

■要移植的樹種是否正值生長適齡期：不是老樹、大樹，而是其樹齡能經得起移植，並且有望能在移植的新場所順利生長如此，才是適合移植的樹木。如何讓樹木不會因為移植而變得體質衰弱也要事先考慮週到。

■是否是地上部分的蒸散少，細根萌發的活躍期：在蒸散較少的時期進行移植，若遇到根部因移植受損而導致水分吸收不順的情況，其對樹木產生的不良影響會相對減輕。此外，正值生長旺盛樹齡的樹木，其細根也會發根旺盛，因此會比較快成活。

樹木的挖掘

進行樹木的挖掘作業時，通常會採取所謂的根球部「包裹保護」作業，為後續樹木的移植搬運做好準備。

●挖掘作業前的準備工作

①先將樹木周邊環境整理乾淨，方便作業進行。

②遇到土壤乾燥時，要確實澆水，作業的過程中不能讓根球部變乾。

③要事先防治樹木的病蟲害。

④分枝多的樹木，要預先用繩子把樹枝綁在樹幹上（為了避免樹枝對作業造成干擾）。

⑤高度3公尺以上的樹木其作業過程中有倒伏的危險，所以要用支柱暫時地支撐固定。

⑥為避免樹姿凌亂，可針對樹枝進行適度的修剪。

⑦樹木的基部若長有雜草等植物，要先拔除。尤其是蔓藤、蕨類這一類植物。

⑧根球部大對樹木而言固然比較好，但搬運時比較辛苦，而且有時反倒會傷到根部，或是容易變乾燥。

但是根球部太小的話，根的數量不足，細根的萌發量也會相對不足，樹木的地上部分和地下部分比例不均衡的話會容易枯死。

樹木的挖掘作業

1 根球部挖掘作業

是將要挖掘之樹木的幹基部附近一定範圍（根球部直徑）內的根系挖掘出。挖掘時要觀察根系的延伸狀態，根的粗細大小和數量，據以決定挖掘的範圍。

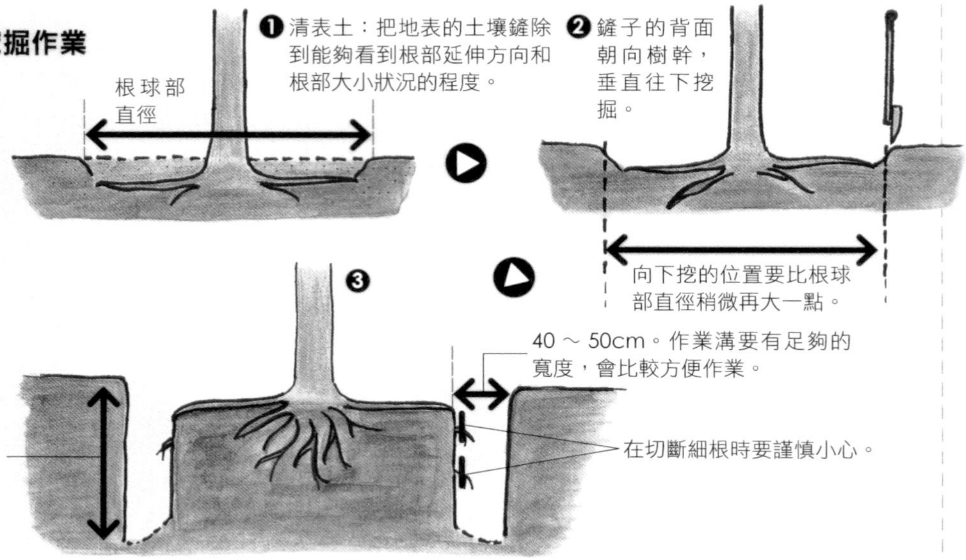
根球部
直徑
❶清表土：把地表的土壤鏟除到能夠看到根部延伸方向和根部大小狀況的程度。
❷鏟子的背面朝向樹幹，垂直往下挖掘。
向下挖的位置要比根球部直徑稍微再大一點。
❸
40 ～ 50cm。作業溝要有足夠的寬度，會比較方便作業。
挖掘深度要觀察根的狀態來進行判斷。
在切斷細根時要謹慎小心。

POINT

利用繩子測量根球部直徑

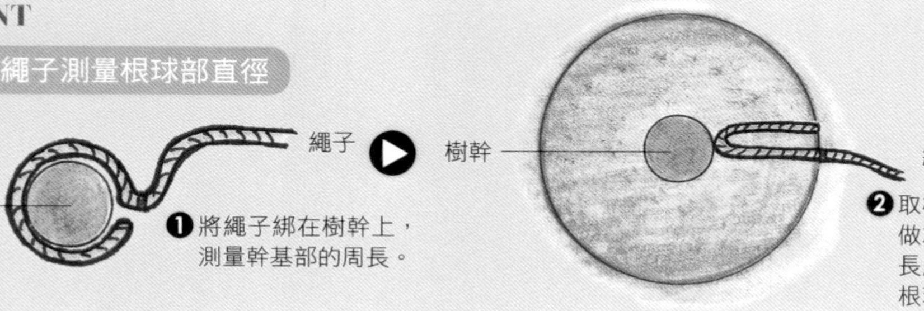
繩子
樹幹
❶將繩子綁在樹幹上，測量幹基部的周長。
樹幹
繩子
❷取樹幹周長的一半做為根球部的半徑長度，再繞圈畫出根球部的範圍。

挖掘作業的範例

●若是小型樹木即可挖掘

❶ 幹基部的根球部挖大一點，可以減少根部的損傷。

❷ 在挖掘時要注意不要切斷根球部中心點的主軸根。

●若是灌木要修剪地上部分

為了防止蒸散作用，宿根性草本植物的地上部分要剪短，灌木類要減少枝葉的數量。

不得不切除根部的狀況

遇到根部四處延伸，無論怎麼做都無法挖掘起來的狀況，就要切除部分根部。若根部有切除，地上部分也要進行處理（例如減少枝葉的數量，或是摘取葉子等，這就是「補償修剪」）。

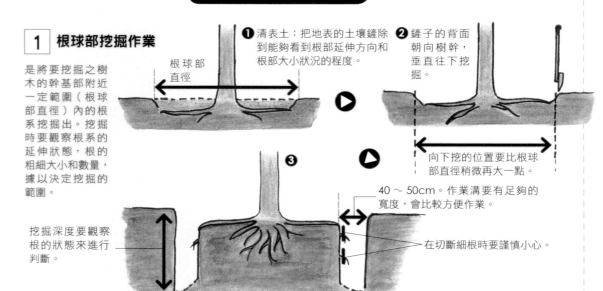

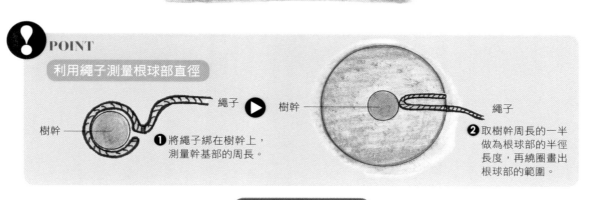

●根球部的綁紮方式

六角星綁紮法

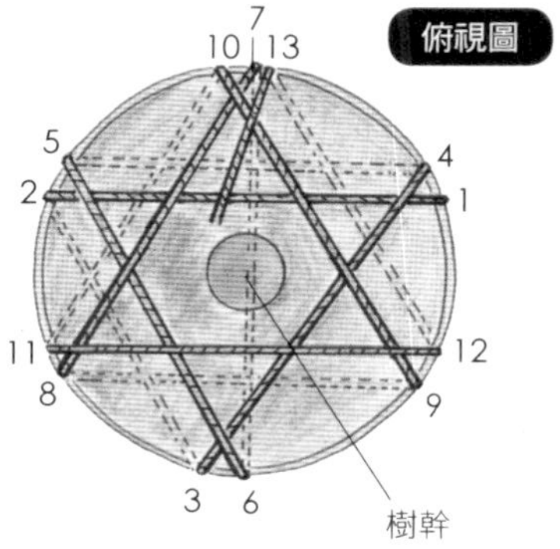
俯視圖
7
10
13
5
4
2
1
11
12
8
9
3
6
樹幹

14 的最後要在繩子交叉處確實地綁緊固定。

●其它綁紮方式

綁紮根球部時，若遇到光靠繩子無法完全包覆住根球部底部時

為避免根球部底土掉落，可以用稻草或草蓆墊在根球部底部。

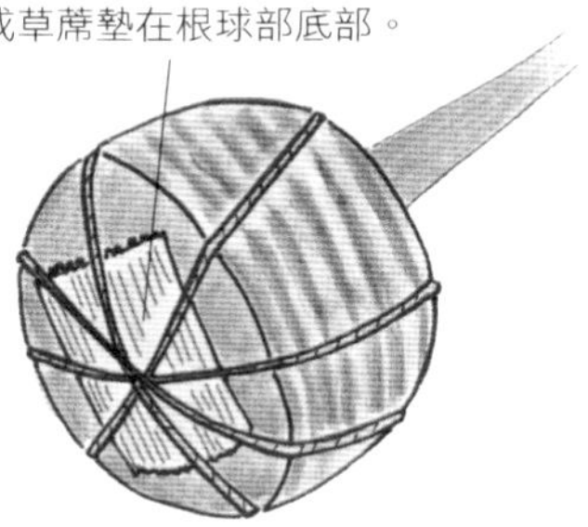

●小樹或苗木的八卦網式綁紮法

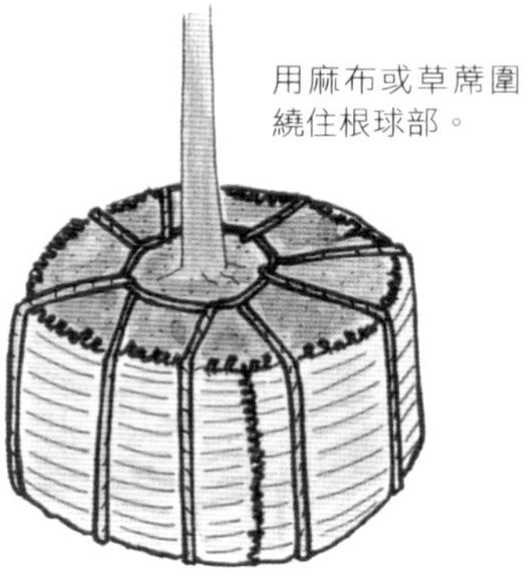
用麻布或草蓆圍繞住根球部。

2 挖掘作業中的根球部綁紮固定

根球部挖掘作業完成之後，在根球部周圍用繩子或麻布直接將根球部捆綁起來，以保持根球部的完整避免破裂，同時也方便搬運。

❶ 用繩子由上往下將根球部纏繞起來（桶狀捆綁法）。

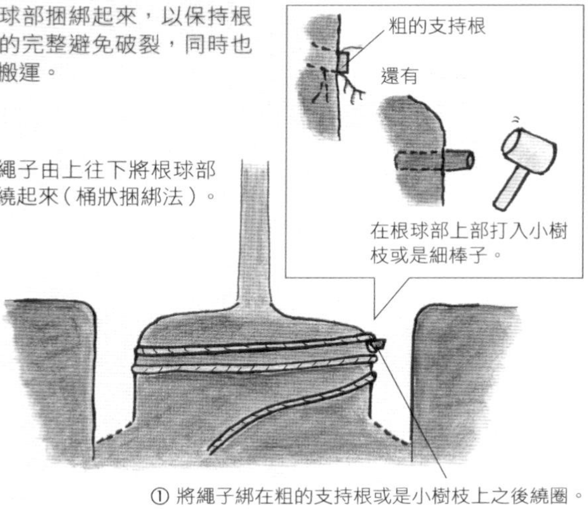
粗的支持根
還有
在根球部上部打入小樹枝或是細棒子。
① 將繩子綁在粗的支持根或是小樹枝上之後繞圈。

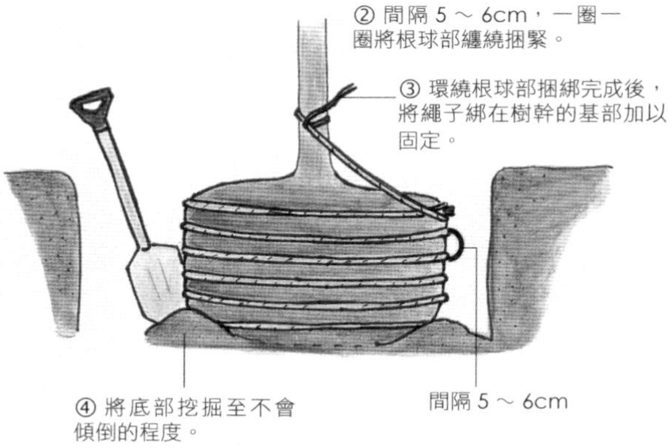
② 間隔 5 ～ 6cm，一圈一圈將根球部纏繞捆緊。
③ 環繞根球部捆綁完成後，將繩子綁在樹幹的基部加以固定。
④ 將底部挖掘至不會傾倒的程度。
間隔 5 ～ 6cm

❷ 環繞根球部綁紮完成之後，再用繩子上下纏繞捆綁根球部。

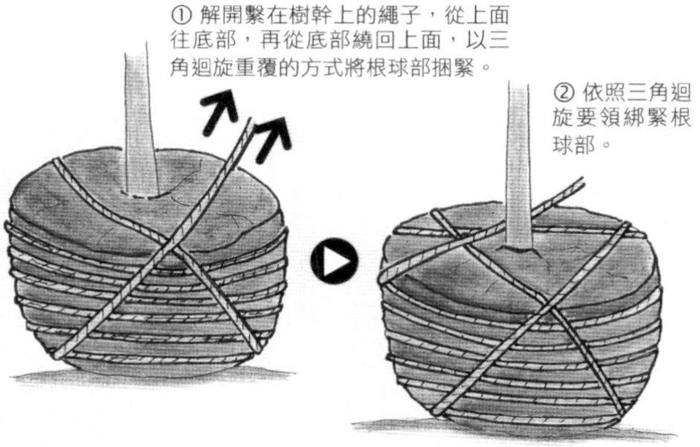
① 解開繫在樹幹上的繩子，從上面往底部，再從底部繞回上面，以三角迴旋重覆的方式將根球部捆緊。
② 依照三角迴旋要領綁緊根球部。

定植作業

挖掘作業完成之後就要進行種植了。

●挖掘植穴

植穴挖掘的尺寸通常是根球部直徑的2倍。但是需視移植場所的土質、地形等因素採取相對應的彈性調整對策處理，植穴的大小也要跟著改變。

●定植

在進行定植的過程中，需注意以下幾點。

①決定樹木的位置。為了與庭院或周遭環境的景色協調搭配，充分展現樹木的美麗，從各個視角觀看樹木，甚至從遠處眺望，找出最佳的位置。

②定植樹木的根球部若有進行包裹保護處理，其材料可以自然分解者，可以直接放入植穴種植，若是有非自然可分解物時，要先拆除拿掉。

③在種植的位置就定位後，在根球部周圍填入土壤至根球部的1/3～1/2高時可大量灌水，並一邊灌水一邊用棒子刺戳土壤，讓根球部周圍的土壤能更加密實。重複這個作業數次，繼續填入土壤將植穴填平（此稱之為灌水填土法）。

●樹木的維護

①為了讓樹木早日恢復生長勢並適應新環境，必須進行以下的作業。

②為了避免被強風吹倒，要進行支架固定作業。

③為了抵擋陽光照射或寒風吹襲，可用麻布包覆樹幹加以保護。

●定植

灌水填土法

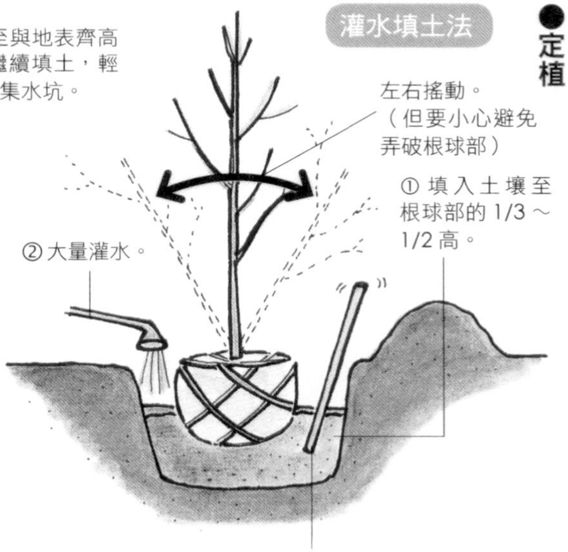
左右搖動。（但要小心避免弄破根球部）
① 填入土壤至根球部的 1/3 ～ 1/2 高。
② 大量灌水。
③ 用棒子之類的東西充分刺戳土壤，讓土壤更密實。此時左右小心搖動樹木，藉以排出土壤裡的空氣。

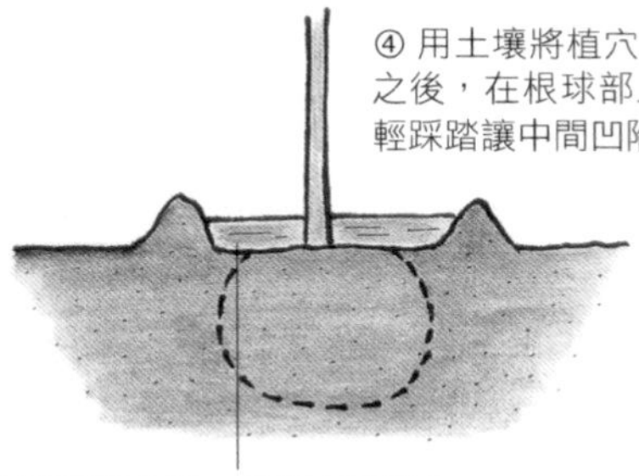
④ 用土壤將植穴填平至與地表齊高之後，在根球部上方繼續填土，輕輕踩踏讓中間凹陷形成集水坑。
作業完成之後，在集水坑裡大量灌水。

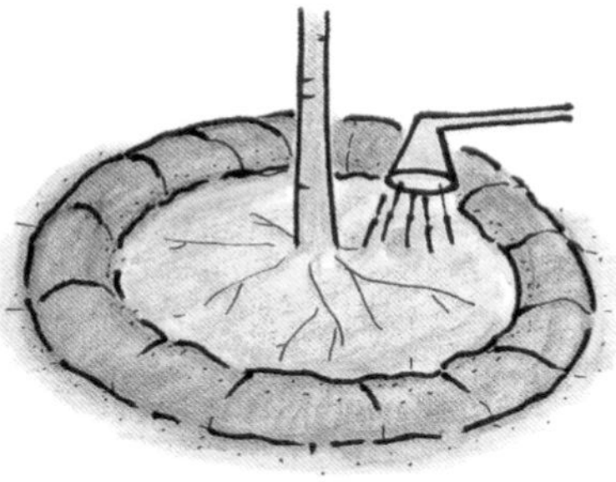

在根球部外圍用土推高圍成一圈土堤即成為集水坑，在土堤裡大量灌水至積滿的程度。

※ 植穴的大小必須超過根球部直徑的 2 倍。
※ 可以切斷包裹根球部的繩子稍微放鬆，若包裹材料含有非自然可分解物的成份，務必要拆除取下。

實例 大型盆栽樹木的上盆

這裡要介紹將樹木（野茉莉）種在大型盆器裡的方法。要選擇尺寸比根球部大的盆器。本範例因為已經完成斷根作業，所以可以馬上種植。

❶ 準備好已完成根球部包裹保護，要用於種植的苗木。

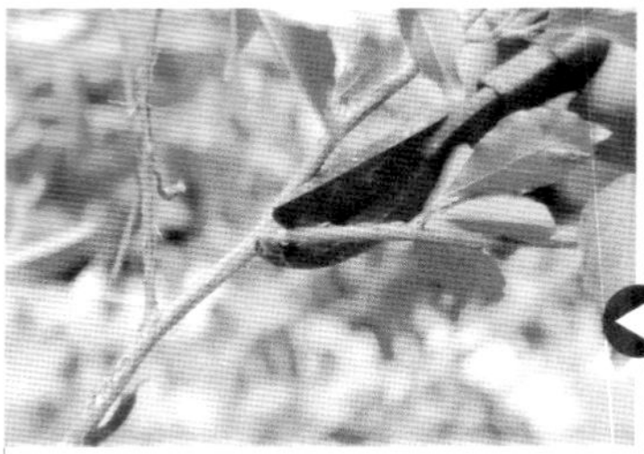

❷ 將整株樹木檢視過一遍，把感染病蟲害以及多餘的枝葉剪掉。

❸ 補償修剪：因為移植對根部會造成損傷，所以要摘取部分葉片，避免蒸散作用對植物造成生理障害。

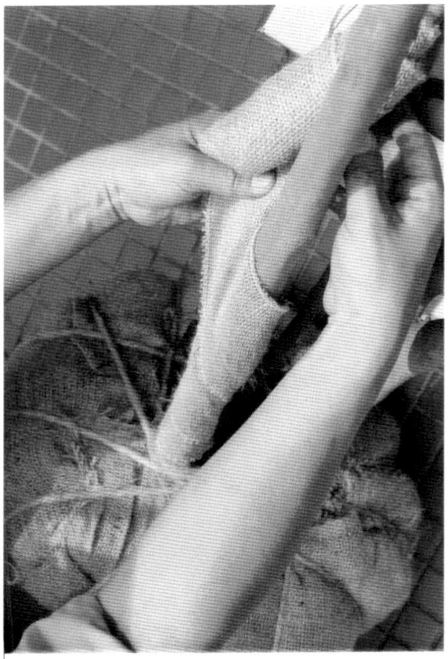

❹ 每一根樹幹從基部開始，用樹木繃帶（麻布材質）由下往上纏繞包覆，包覆至樹高的 1/2 為止，藉此進行樹幹的維護。

POINT

在包覆樹木繃帶時，綁上麻繩加以固定。

① 將二條麻繩併在一起，綁在樹木繃帶纏繞的末端。

② 用其中一側的二條麻繩做成環形。

③ 將另一側的二條麻繩穿入環形。

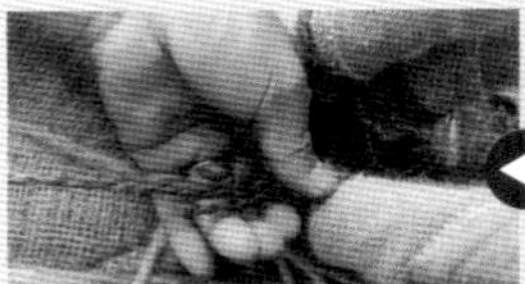

④ 將穿入的麻繩拉緊。

⑤ 在預定種植的盆器底部鋪上不織布或防蟲網。

⑥ 因為是大盆器，考量到排水性，所以要裝入盆底石至盆器 1/5 的高度。

⑦ 在盆底石上面放入用土，視定植樹木的根球部高度加以調整。

這裡要注意！

放入大量的用土可能會導致根球部放不進去，所以先放至能夠覆蓋盆底石的程度即可，不夠的話再逐步調整。

⑧ 定植樹木的根球部放在新的用土上時，高度不能超出盆器邊緣。

⑨ 調整好正面的位置，在根球部的周圍填入用土。

⑩ 填土的過程中，一邊用棒子刺戳土壤，一邊放入用土，讓土壤平均分佈。

⑪ 根球部表面快要被土壤覆蓋前，一邊加水，一邊搖晃樹木，讓水能流至根球部的下部（灌水填土法）。

⑫ 盆器裡積水之後，先暫時置之不理，靜待積水退去。

⑬ 完成

動手做做看！！

盆栽樹木的露地移植

試著把盆器裡栽種的樹木（藍莓）挖掘出來改成露地栽種。因為已經形成根球部，所以只要挖掘比盆器還要大的植穴，就可以直接種植。

❶ 抓穩樹幹的下部，將盆器稍微往上抬，用腳踩住盆器邊緣，將樹木從盆器裡拔出來。

根球部完整拔出的狀態

❷ 在定植的場所挖掘植穴，擺放好根球部。定植的場所或是附近若長有雜草，請將之拔除。

❸ 確認好樹木的觀賞正面，將根球部放入植穴。

❹ 將挖植穴時所挖出來的土，重新填回根球部的周圍，同時做一個集水坑。

為了能蓄積水分，將土壤回填至與根球部的表面齊高的同時，在外圍要做一圈土堤。

❺ 大量注水以借助水往下滲透的作用讓土壤更密實穩固。

一邊小心搖晃樹木，一邊在根球部周圍注水至積水的程度。

持續注水至集水坑積滿為止。

等水退去之後，將土堤壓平。

踩踏壓實植栽基部附近的土壤。

完成灌水填土作業。

6 針對地上部分進行修飾修剪，做最後的修飾清潔工作。

7 完成

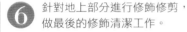

動手做做看！！

盆栽樹木的換盆移植

這裡要介紹盆栽樹木的換盆移植方法。新盆器的尺寸須比目前的盆器大，並且要配合樹幹的大小選擇。

❶ 將盆器橫放在墊布上面，敲打盆器的周圍，將植株從盆器中拔出。

拿穩樹幹，踩住盆器邊緣，就能讓植株脫離盆器。

植株被拔起來的狀態。

❷ 用棒子之類的工具，從下方開始，一邊撥鬆根球部的土，一邊整理根系，過程中要小心不要切斷根部。

土被撥鬆的狀態。

將乾枯的根剪除。

❸ 在要用來栽種的盆器內放入不織布或防蟲網，接著鋪上盆底土壤或底石，然後在上面根據根球部的高度填入適量的培養土。

❹ 將根球部放入盆器，決定好樹木的正面。

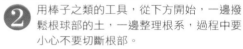

5 在根球部周圍一邊用棒子刺戳土壤，一邊填入用土。

6 填土的過程中要不時搖晃樹木，用土要填至能覆蓋住根球部表面為止。

7 在盆器內大量注水，並一邊搖晃樹木，讓水往下滲透，讓土壤更密實穩固。

專家的建議

等水退去之後，土壤沒有填實的地方會出現凹陷的坑洞，請針對這個部分用土填補並再次注水。

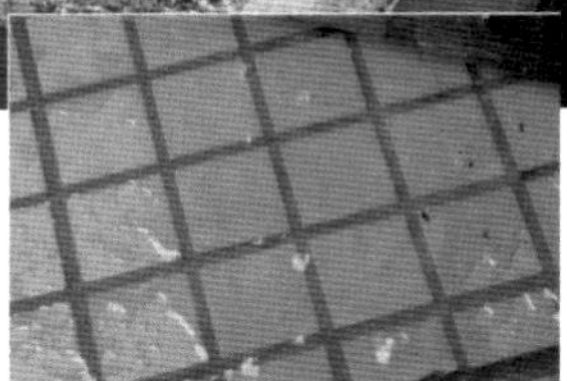

8 大量注水直至從盆器底部流出的水變清澈為止。

9 完成

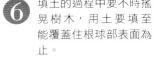

樹木的整枝修剪

庭園樹木的樹枝會逐年生長。修整樹形促進樹木開花結果是一種樂趣，同時也是一種挑戰，建議您不妨嘗試看看。

修剪的目的與重要性

為了維持理想的樹形景觀，並促進生長的修剪作業是不可或缺的。

●著重觀賞層面的修剪

①為了展現樹木原本樹形的美麗，考量樹枝樹幹的曲度、配置等因素，而進行修剪。

②為了表現出綠籬或綠雕的直線或曲線造型，所進行的修剪。

③為了配合種植場所、目的，調整形狀、高度、寬度，所進行的修剪。

●著重實用層面的修剪

①做為綠籬使用時為了防風、隔音，所進行的修剪。透過修剪、截剪，能夠促進發芽，讓枝葉生長茂盛。

②為了降低路樹因為颱風等因素傾倒造成災害的機率，或是避免路樹擋到標識、看板，也要進行修剪。

●著重樹木生理層面的修剪

①為了促進開花、結果或是防治病蟲害，須對樹木進行修剪，以讓日照、通風變好。

②樹木移植時，可藉由補償修剪，讓水分的吸收量和蒸散量達到均衡。

③為恢復樹勢，或是為了矯正樹形所進行的結構性修剪。

●修剪最佳時機

■**春季的修剪（3～5月）：**在新枝開始生長，枝條還沒變硬之前，進行疏剪、返剪，以維持樹形的美觀。

■**夏季的修剪（6～10月）：**此時枝繁葉茂，採光或通風可能變差，所以要針對太過茂密的枝葉進行修剪。特別是在早春開花的花木類，因為其花芽萌發的時期是7～8月，所以最好在6月中旬前完成修剪。此外，在颱風季節來臨之前，進行疏剪或截剪，可降低樹木的風阻而防患風災。

■**秋季的修剪（10～11月）：**因為很容易萌生二度芽，同時也容易破壞樹形，所以要避免強剪，只須弱剪及剪除徒長枝。

■**冬季的修剪（12～2月）：**對落葉性及常綠針葉樹木的修剪而言是最重要的時期，所以要注意下列事項。

①春天比較早萌發新芽的樹木，也要比較早進行修剪。

②積雪較多的地區，要等融雪之後再進行修剪。

③常綠闊葉樹比較不耐寒，所以要避免修剪。

●樹木的修剪

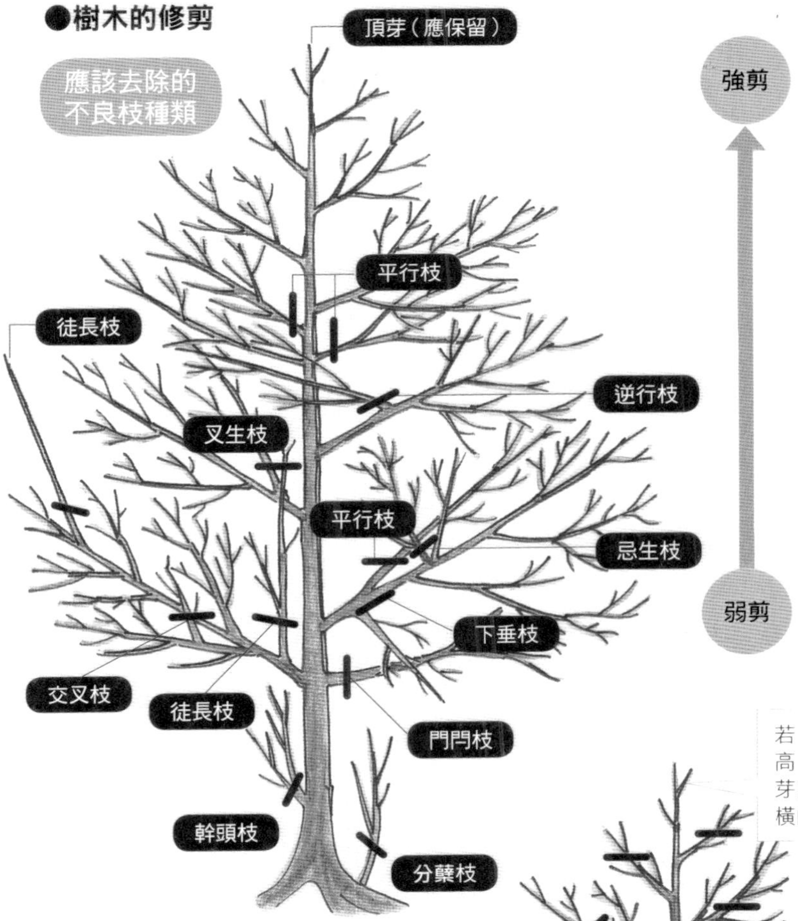
頂芽（應保留）
應該去除的
不良枝種類
平行枝
徒長枝
逆行枝
叉生枝
平行枝
忌生枝
下垂枝
交叉枝
徒長枝
門閂枝
幹頭枝
分蘗枝
強剪
弱剪

不良枝修剪和短截修剪的差異

修剪的目的都是為了整理樹形。不良枝修剪是透過整枝對樹形進行整理，相對於短截修剪，則是從枝條的中間下刀切除，藉以使樹型降低或改變，並且控制未來生長狀態。

將應該切除的枝條或是會對作業造成干擾的枝條由下往上判斷切除。

若不想讓樹木繼續長高，可將頂芽剪除。頂芽剪除之後，樹枝會往橫向生長擴展。

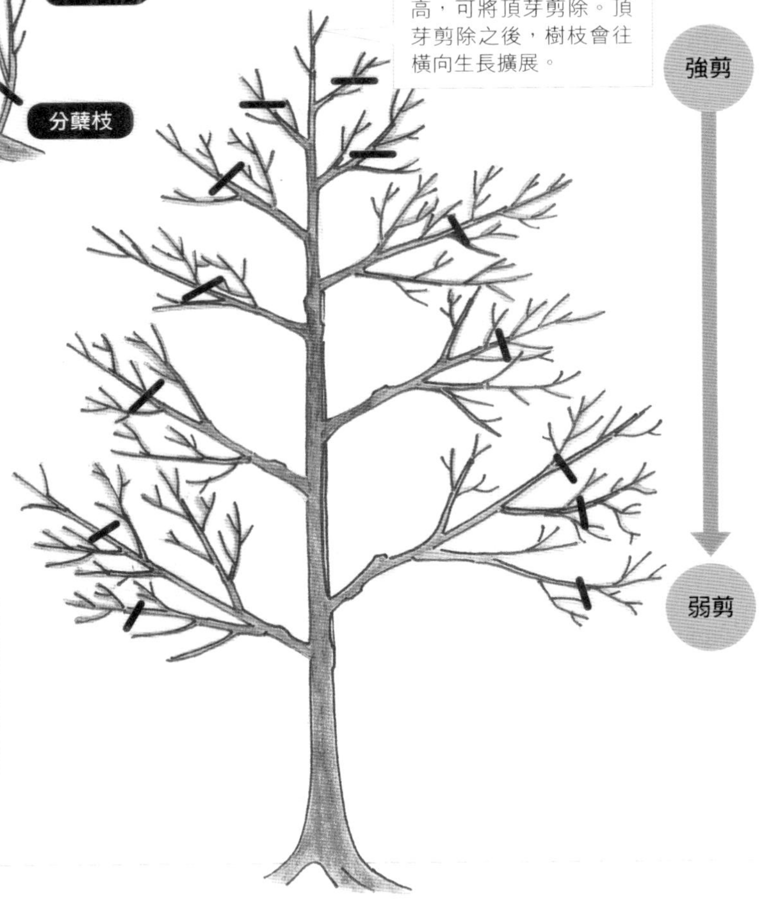
強剪
弱剪

POINT

上述的修剪作業完成後，再從上往下進行樹形外部的整理。修剪時要考慮到各個觀賞角度的視覺美感，在腦海裡勾勒好想要完成的樹形。

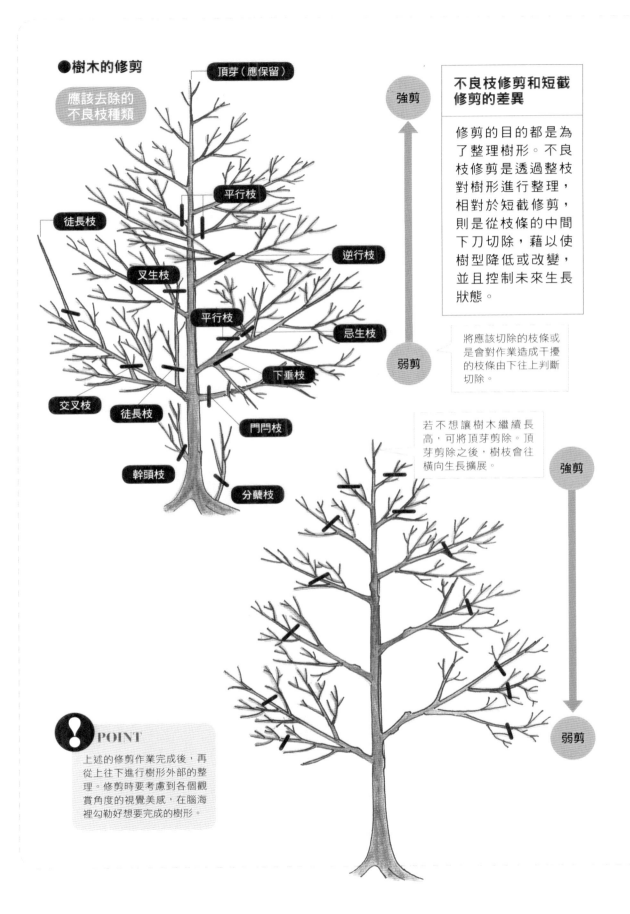

強剪和弱剪

樹木的修剪作業在進行時，必須考慮到樹高樹形，同時也不能忽略和種植場所之間的協調搭配。植物有所謂的頂芽優勢，中心部分的枝條生長勢較強，但也可能因此成為樹形破壞的原因。

修剪時，一方面要剪短中心部分生長勢強的枝條，同時也要修剪其周圍的小枝，以整理樹形。如果是連粗枝都需要切除的修剪方式，稱之為「強剪」；將周圍的小枝做輕度的修剪，則稱之為「弱剪」。若進行強剪，很可能會促使萌發生長勢強的枝條，因此要特別注意。

●強剪

實例 基本的不良枝判定修剪

新手對於該從哪裡著手修剪一定感到很困擾。先從樹木的下方逐步往上方移動，把會對作業造成干擾的枝條去除，再從上一路往下進行樹木外部枝葉的短截修剪是比較合理的方式。

1 從樹木的下面部分開始，一邊去除不要的枝條，一邊往上移動。

2 由下往上逐步進行不良枝判定修剪。

3 修剪作業之後的清掃工作。

實例 不良枝及疏刪短截修剪

修剪樹木不只是為了維持景觀，適度疏剪過於擁擠的枝葉，可增加樹木的日照且能讓樹勢變強，同時也因為通風變好的緣故，能降低病蟲害發生的機率。

1 不良枝的修剪（以紅羅為例）

因為被放置在沒有日照的場所好幾年，導致樹形凌亂沒有活力的狀態。

① 觀察整個植株，剪掉生長勢強的枝條。

② 剪掉枯枝和不良枝。

③ 觀察整體樹形，把凸出來的過長枝條剪短。

修剪完成

2 疏刪及短截的修剪（以肉桂為例）

① 決定好修剪後的樹高，站在三腳梯上從上部開始著手修剪。

② 粗略修剪過於擁擠的枝幹，以增加空隙（粗枝疏剪）。

③ 觀察疏剪之後的剩餘枝幹，針對枝條交叉、密集的地方進行細部的修剪（小枝疏剪）。

修剪完成

④ 若不想樹木再繼續長高，可修剪主幹以抑制樹木往上生長（摘心）。

實例

返回修剪和花後修剪

樹形凌亂呈現木質化的樹幹，在確認過新芽的生長位置之後，在新芽的上方下刀進行修剪，即可重新調整樹形。這個作業稱之為「返回修剪」。此外，為了促使新芽從植株的側邊長出來，把現有的樹幹剪短，讓之後萌發的新芽能獲取更多的養分，這樣的修剪方法稱之為「短截修剪」。

1 返回修剪（以薰衣草為例）

❶ 樹姿凌亂的薰衣草主幹因為長了新芽的關係，因此要保留新芽進行返剪，以讓明年的樹形能夠變整齊。

❷ 剪除細枝和枯枝。

修剪完成

2 花後修剪（以繡球花為例）

❶ 為了抑制明年繡球花的開花高度，在開花後須針對開花後的老枝進行短截修剪。

❷ 為了使大量的養分能往新枝輸送，把老枝剪掉。

修剪完成

實例 造型及短截修剪

這裡要介紹如何把美麗銀色葉子的澳洲迷迭香，截剪成圓球狀的樹形。經過修剪能讓明年的枝條生長茂盛。這種植物只會在新生長的枝條前端開花，所以想增加開花數量，也一定要進行修剪。

開花後，枝條伸長樹形凌亂的澳洲迷迭香。

1 決定好修剪後的約略大小，從上面開始截剪。

2 將修枝剪翻面，利用刀刃的角度修剪側面。

3 植株基部的上部枝條過於茂密，日光無法穿透導致葉片稀疏，所以要進行深度的截剪，讓上部的枝條能夠生長伸展至足以遮蔽植株基部的程度。

4 觀察整個植株，用修枝剪把剛才修剪剩下來的枝條，再進一步地修剪，若不想植株長高，可在此時進行返回修剪。

5 截剪完成之後，把殘留在植株上面的殘枝落葉用手撥落至地面。

修剪完成

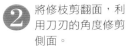

植栽工程④

草本花卉種植

草花是佈置庭院美麗景致不可或缺的重要角色。花的種類繁多，有各式各樣不同的形狀、顏色、大小，栽種時不要貪心以免讓庭院變成大雜燴。

草花的種類與樂趣

●草花的分類

草花當中，有些屬於一年期間內歷經播種發芽、生長、開花、結果、枯死整個過程的「一年生草本植物」，有的則是二年期間內的「二年生草本植物」，之外，還有春季發芽、生長，初夏至秋季期間開花，冬季期間地上部分枯萎的「宿根性草本植物」，以及冬季期間地上部分不會枯萎，而能耐暑耐寒的「多年生草本植物」。另外還有以根、莖或葉做為儲存養分的器官的「球根類植物」。

若想在種植之後短時間內就完成花壇，可考慮以一年生草本植物為花壇主體，但是一年生草本植物開花後一旦開始結種子，花的數量就會變少，因此必須勤快地進行摘除殘花等管理作業。

宿根性草本植物雖然每幾年就必須將植株挖掘出來進行分株，並藉此更新植株，但定植之後可以好一段時間無需刻意照料。在選擇植物時，必須考慮到不同植物各別的特性。

享受各種顏色組合搭配的樂趣

用色大膽的佈置方式，營造出給人活力十足的印象的花壇。

享受彩葉植物的樂趣

全年都能觀賞的彩葉植物，演繹出沉穩素雅的庭院。

享受種植蔬菜的樂趣

兼具種植和食用樂趣的蔬菜類植物，陽光、土壤等環境條件是栽培的重要關鍵。

享受芬芳香氣的樂趣

香氣宜人的香草植物，花朵也很有魅力。是實用性高又容易照料的庭院佈置材料。

●享受不同類型的栽種樂趣

以顏色搭配為考量：用同色系的顏色進行搭配，雖然視覺上協調不易出錯，但也容易看膩。然而使用了許多顏色的花壇，雖然色彩豐富，但一不小心可能流於雜亂無章。

因此，一開始必須要決定主色，再以主色為出發點去選擇同色系的植物。或點綴一些主要用色的對比色，交織出色彩的韻律感。若用了較多顏色而顯得凌亂時，可加入一些白色的植物來調和。

運用彩葉植物來設計景觀：植物的配色，不是只有花才能當主角，葉子也可以成為矚目的焦點。利用深淺綠色、銀色系、紅棕色系等各種觀葉植物來佈置庭院，也別具一番風味。

搭配各種形狀的植物：有像薰衣草這類有著穗狀花序的植物，也有像三色堇這類有著球形花朵的植物，各式各樣不同的花形，各異其趣。種植前應該預先設想如何組合搭配。

若只是把外形相似的植物種在一起，會給人園藝店陳列擺設的感覺，不妨試試將各種形狀的植物自由排列成如拼布般的圖案。若喜歡種植吊蘭之類的觀葉植物，也要注意，不要將類似葉形的植物全部擺在一起。

利用植物增添芬芳香氣：草花類的花香是增添庭園情趣的重要元素之一，從窗戶或是門口，甚至是家中就能享受到香氣迎人的樂趣。

芳香性植物裡，有些是屬於蔓性植物，即使種植空間狹小也能栽種，因此可以種在靠近窗戶的地方，讓你一開窗就能有香氣撲鼻而來。

此外，香草植物的葉子裡也含有香氣的成分，所以跟宿根性或是多年生草本植物一樣，可以做為花壇種植的材料。

種植具有實用性的蔬菜：近年來流行將體型較小的蔬菜，種植於花盆容器或是狹小場所，使得蔬菜栽培的人氣逐漸高漲。

蔬菜的栽種成敗取決於土壤，可在整地時進行翻鬆耕耘作業，充分地混入有機物以改善土壤條件。蔬菜也可與花卉植物一同混植搭配。

實例 花壇的草本花卉種植

整地過後的花壇，可以開始著手種植時令草花了！種植之前若能先完成植物的配置圖，規劃好種植計畫，就不會買入過多的苗，同時也能縮短種植作業的時間。

1 藉由整土等作業整頓過環境之後，可以先將植物試陳列於花壇裡，確認整體佈置的效果。

2 設想好植物之後的生長狀況，保持適當株距，逐一將植物種下。

POINT

種植的深度應視不同植物而異。

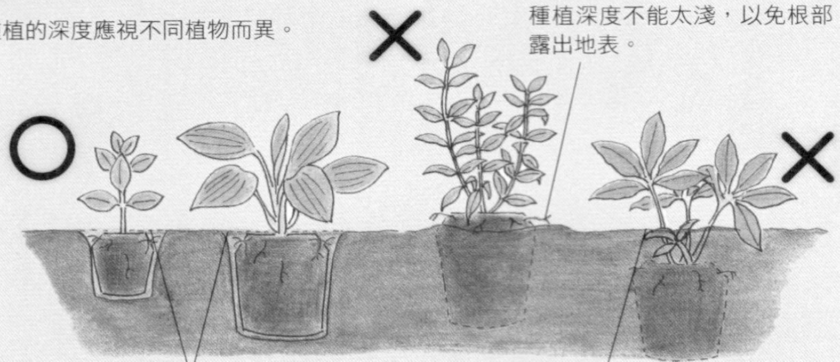

○
×
種植深度不能太淺，以免根部露出地表。
×
種植時，根球部的表面要與地表齊高。
新芽的部分不宜深植至完全埋入土裡。

實例 花壇植物的維護管理

具賞花價值的草花植物，為了不讓其結種子，會在開花後摘除殘花，但還是有可能會因為日照條件等環境因素而導致姿態凌亂，所以生長到某個程度時必須進行回剪。尤其是當你希望草花植物能大量開花時，透過修剪，能促進新枝生長，進而使花量增加。

凌亂的盆栽花園

1 將竄出花槽的部分修剪掉。但不是要把全部的枝條都剪掉，而要視花盆容器大小和整體大小之間的均衡性予以適度的修剪。

2 在進行回剪、修整樹形的過程中，要確認好新芽的生長位置再下刀。

修剪完成

庭園植物推薦

焦點庭木與蔓藤植物

有著美麗花朵的庭木

能開出美麗花朵的庭木，可以讓人感受到季節的交替變化。試著選擇能為季節增添絢麗色彩而體質強健，即使小庭院也能種植的花木吧！

梅花‘紅筆’

花香怡人，是早春花木的代表。可做為庭園的主木，雖然常見於日式庭院，但是垂枝性的品種跟西式庭院也能搭配。

★★★

山茶花‘玉之蒲’

是世界聞名的觀賞花木。美麗又容易栽培品種有很多。屬於耐陰較強的花木，因此即使在建築物的背光處也能種植，小型庭院也很適合。

種植容易度

★★★

金絲梅‘西德科特’

樹枝呈拱狀伸展，從初夏開始會陸陸續續開出大型黃色花朵。雖然從日照良好的地方到半日照處都適合種植，但若是種於貧瘠的土地，開花狀況會變差。

★★

橡葉繡球‘雪花’

因為長著如同橡葉般的葉片，所以得名。是白色系庭園不可或缺的花木。到了晚秋，能欣賞到轉紅的葉片。

★★

大花四照花

春天能賞花、夏天能觀葉、秋天有紅葉和紅色果實，隨季節轉變呈現不同景致的人氣花木。可做為象徵樹種植，即使是小庭院也能欣賞它美麗的身影。

★★★

素心蠟梅

鮮黃色的花朵彷彿色澤通透的蠟製藝品。屬於早開花的類型，在 11 月下旬至 2 月左右開花，在眾花凋零的冬季裡散發著淡淡的幽香。

★★★

葉色美麗的庭木

葉色具觀賞性的樹木，跟西式風格的建築物也很搭配，因此受人喜愛。利用美麗的葉色組合搭配，將庭院點綴得更加繽紛華麗。

白蠟槭‘佛朗明哥’

原產於北美洲，適合種植於寒冷地帶。斑葉品種由綠、白、粉紅三色組成的葉片非常美麗，很建議做為象徵樹。

★★

藍葉雲杉

有著銀藍色的葉子，是針葉樹裡的藍葉樹種。生長速度慢，屬於矮性品種，樹冠呈半球形或是廣圓錐形，很適合狹窄的庭院。

★★

黃金伽羅木

東北紅豆杉的園藝品種，又以金伽羅的名稱在日本市面上流通。春天萌芽期的葉片會變成美麗的金黃色。透過截剪，可以用來點綴草皮庭院。

★★

杞柳‘白露錦’

葉片帶有班紋的品種。初春剛發芽時特別美麗。從淡綠色逐漸轉變成粉紅色、白色，初夏時變成帶有白色紋痕的葉子。

★★★

黃櫨（又稱煙霧樹）

新生的葉子是紫紅色，之後會轉成藍綠色。會於春天開出貌不起眼的小花。開花後像是被團團煙霧籠罩的外形是其特徵。

★★

星點木‘星塵’

葉片上有著如滿天星斗的黃色斑點。能在半日照環境的庭院增添亮麗色彩。屬於雌雄異株的植物，因此若想欣賞到紅色的果實，需同時種植雄株。

★★★

蔓性植物

利用藤架、拱門或格狀花架種植藤蔓植物，可以營造出庭院的立體空間感，即使在狹小場所也能享受繁花簇擁的華麗景色，做為庭院的視覺焦點也非常搶眼

日本南五味子

除了讓其攀附於拱門或是柱子上，也可以綠籬的形態種植。秋天時成串紅色的果實聚生於長梗的末端，垂落而下。

★★★

玫瑰‘西班牙美人’

在西班牙培育出來的蔓性玫瑰。亮綠色的葉子搭配粉紅色的花朵，形成美麗的對比。帶著香氣的花朵朝下綻放，花瓣邊緣呈波浪狀。

★★★

多花紫藤

香氣宜人的蝶形花朵聚生成簇綻放，隨風搖曳的優雅風姿是其魅力所在。雖然最受歡迎的種植方式是利用棚架，但也可以用格狀花架栽種。

★★★

藍花西番蓮

其花形令人聯想到時鐘的模樣，因為在日本又被稱為時計草。可用拱門或是格狀花架讓它攀爬。在寒冷地帶，在盆器裡插上盆栽支架環就可以種植。

★★

凌霄花

夏季會開出一莖多花的喇叭狀橘色花朵。可架設攀爬支柱，讓枝條從各個方向垂懸而下，不佔空間就能欣賞繁花綻放的美景。

★★★

多花素馨

蔓莖具延伸性，生長旺盛，可讓其攀爬在拱門或是柵欄上面，開花時會散發著沁人甜香。在寒冷地帶可以盆栽形式種植。

★★

中文版特別收錄

庭園植物圖鑑

庭園造景之目的不外乎是要賦予庭園美觀與實用功能，植物的選擇與配置也是一大重點。在此分類介紹 130 種景觀公司最常推薦使用、以及最受大眾喜愛的庭園植物。若能經過妥善的植栽配置，定能讓庭園散發怡人的自然風情。

地被植物

地被植物主要是以觀賞為目的，植株具有匍匐性或旁蘗性等，故能多方延長衍生其莖葉，因此可替代草坪覆蓋在地面生長，不僅可提高綠化效果、抑制雜草生長、更能營造豐富的色彩質感及層次。

莧草類

光線 水分

株高 10 ～ 25 公分，常見的莧草有紅葉、綠葉、斑葉品種，依照葉色稱為法國莧、紅莧草、綠莧草、白莧草等名稱。

虎耳草

光線 水分

株高 10 ～ 25 公分，葉色有綠色、葉脈有紫、紅、白三色。耐寒喜蔭涼，春夏之間開圓錐狀小白花。夏季應避免陽光直射。

松葉景天

光線 水分

株高3～10公分，生性強健，耐旱又耐熱，春、夏季開黃花，花期結束後，冬季會漸漸停止生長，進入休眠期，此時應減少澆水，不必施肥，等待春季又會生長茂盛。

卷柏

光線 水分

株高 5 ～ 10 公分，葉片密集叢生、細小如鱗。匍匐蔓性，莖可長 10 ～ 20 公分。注意如日曬過於強烈，會讓葉片產生捲曲枯萎。

圓葉遍地金

光線 水分

株高 5 ～ 15 公分，葉片為金黃色的園藝品種，植株低矮密貼於地面匍匐生長，夏末開花，喜好日照充足的環境。

冷水花

光線 水分

株高約 5 ～ 12 公分，呈匍匐狀，青翠的綠葉給人清涼質感。介質需常保濕潤，在有明亮散射光處即可生長良好、也能耐陰，要避免強烈日光直射。

紫葉酢漿草

光線 水分

株高 10 ～ 20 公分，可全日照或半日照，葉片叢生於基部，晚上會閉合，隔天早上再張開；幾乎全年都會開粉紅色的小花，但只盛開一天。

紫錦草

光線 水分

株高 10 ～ 20 公分，莖葉厚質而脆，葉面有軟絨毛，莖葉都是很濃紫或暗紫色；如果陽光不足，葉色將呈現灰暗而降低美感。

草本花卉

草本花卉從播種、發芽到花朵盛開的整個生育周期，多在一～二年內完成，其主要是觀賞其花的種類、花色及花型，可依庭園整體的風格選擇合適的草本花卉為花園增添色彩。

松葉牡丹

光線 水分

生性強健且耐旱，重瓣品種的花朵造型像牡丹。枝條柔軟匍匐，用於花壇、盆花、吊盆皆適合。

孔雀草

光線 水分

花色紅黃相間鮮豔，葉片有特殊氣味，全株與根部分泌物能防治土壤線蟲。有單瓣、半重瓣、完全重瓣等花形。

三色堇

光線 水分

花色繽紛花形可愛，色彩豐富，植株矮小，需要充足日照才能盛開。

千日紅

光線 水分

別名圓仔花，整個夏日都是花期，病蟲害少，栽培容易。剪下花莖垂掛，還可製成乾燥花。

馬齒牡丹

光線 水分

主要花期為夏秋兩季，晨開昏謝，但枝多花多，開花不斷，鋪植時非常壯觀，適合栽培於花壇。

羽葉薰衣草

光線 水分

氣味濃郁常作為香草使用，葉片呈羽狀裂葉。陽光充足則開花較多，性喜好涼爽乾燥的全日照環境。

非洲鳳仙花

光線 水分

品種眾多，有單瓣重瓣，且花色豐富多變化。花壇、花台、盆缽、陽台、窗台皆適合種植。

金魚草

光線 水分

花形類似金魚造型故名，也有花瓣完全裂開、形似龍頭的品種。冬至春季開花，色彩多而亮麗。

醉蝶花

光線
水分

花型似醉蝶飛舞故名，其植株高大，花色雅緻又有花香。開花期間要注意土壤保持濕潤，切勿缺水影響生長。

桔梗花

光線
水分

具有高莖及矮性品種，適合用於花壇或盆花。花型有單瓣和重瓣兩種，根部是常用的中藥。

小葉馬纓丹

光線
水分

花呈紫色，枝條纖細，能匍匐地面或下垂生長。常於春冬期間開花，生長強健、抗風耐旱，有良好的覆蓋效果。

五彩石竹

光線
水分

花朵上的圖案為放射狀的同心圓紋，小巧精緻，花瓣邊緣有不規則的鋸齒狀。花期可達三個多月。

穗狀雞冠花

光線
水分

小花聚成塔狀或穗狀花序，色彩鮮明瑰麗，適用於花壇、盆栽、切花。喜好全日照及排水良好土壤。

夏堇

光線
水分

花色有藍紫色、桃紅色等，具有枝條匍匐的特性，可供花壇、花台、盆缽栽植，但不耐旱，故高溫期要注意充足給水。

蜀葵

光線
水分

別名一丈紅，可以長到 1 ～ 2 公尺高，花色豐富鮮麗，適合用於花壇背景，或成排列植。

向日葵

光線
水分

全年都可以播種繁殖，一般會避開颱風季節種植。植株高大，適合較大的空間栽培。

百日草

光線
水分

以重瓣和半重瓣居多，花色繁多，葉片對生，喜全日照、排水良好的環境。

萬壽菊
光線 水分

性喜全日照，花色多呈明黃色、橘黃色，花朵構造緊緻如摺紙藝術。因花葉有特殊的氣味，別名臭菊。

矮牽牛
光線 水分

花型類似牽牛花，但植株較低矮故名。花大而艷麗，是花壇及陽台美化的主流植物。

粉萼鼠尾草
光線 水分

形似薰衣草但沒有氣味，花色有紫色及白色，花序細瘦單薄，宜叢植花壇應用。

彩葉草
光線 水分

容易栽培且觀賞期長。品種繁多，葉色會依溫度、品種、日照的不同而有所變化。若是葉色漸漸黯淡，可移植到日照更充足的地方。

馬拉巴栗
光線 水分

生命力旺盛，樹冠優美，全日照及耐陰環境均可栽植，耐旱性亦佳，最大的特色是其綠色的樹幹，整株上下綠意盎然，為重要的觀葉及室內盆栽植物。

觀葉植物

觀葉植物是以植株的莖葉部位為主要觀賞目的。多數原生於高溫多濕的熱帶雨林中，故能適應日照不足的生長環境，因此可於室內或林下空間綠美化應用。

朱蕉
光線 水分

別名紅竹，株高可達1～2公尺。葉片經過改良後顏色更富變化，另有綠、紅、紫褐、赤褐色、黃、乳白等斑紋色彩的品種。

南天竹
光線 水分

樹形優美秀麗、耐貧瘠，葉片細緻美觀，春季賞嫩葉，夏季觀白花，秋冬季賞果，是常見的造園植物。

合果芋
光線 水分

品種及葉色變化多，色彩清雅，具有很強的適應性，水耕亦可生長。惟不宜栽培於過度遮蔭之處，以免葉片色彩暗淡。

孔雀竹芋

光線
水分

葉紋似孔雀羽色且葉色光亮故名。原產於熱帶地區，喜歡耐陰的高溫多濕環境，但忌強風及土讓貧瘠。

變葉木

光線
水分

喜好高溫多濕的環境，充足日照，葉片才能顯現出美麗的斑紋或斑點。品種繁多且葉色有黃、橙、紅、綠、紫紅等混合組成斑紋、條紋或斑點等變化。

黃金絡石

光線
水分

葉片上有大面積的金黃色斑紋，嫩葉的斑紋常呈紅銅色。枝條纖細，可表現曼妙的姿態。嫩莖略有萎凋就立即澆水。

吊蘭

光線
水分

品種多，呈色澤鮮綠又帶有乳白色條狀斑紋，且有垂下的走莖，很適合作吊盆植物。喜半照無日光直射環境，以免葉尖乾枯。

觀賞鳳梨類

光線
水分

種類繁多，具有特殊的蓮座狀株型，葉色光亮、花苞片色澤豔麗，觀賞期長。喜好高溫多濕的環境，避免栽培於迎風處。

楓葉天竹葵

光線
水分

葉片呈掌狀，有如楓葉狀，帶有橘綠色的色斑，小巧優雅。全日照栽培時，葉片的紅斑部分會更鮮明。

梔子花

光線
水分

葉片翠綠光澤，四季常綠。初夏開花，花朵淨白，香氣濃郁類似茉莉，亦有單瓣與重瓣的品種。性喜全日照環境，才能開花繁盛。

五彩茉莉

光線
水分

別名變色茉莉、番茉莉，花色會由初開的紫色漸轉成白，同株像是開了多種顏色的花，故名五彩。花朵具香味，白天較淡，夜晚後香味較濃。

灌木植物

灌木是指沒有明顯主幹且多分枝的木本植物，在庭園中常以列植或叢植方式栽種，具有圍隔與界定空間引導視線等功能　由於種類豐富繁多，是景觀造園常用的綠籬植物

藍雪花

光線 水分

生性強建易栽培，枝條伸長後呈半蔓性，夏天開淺藍色的花，集生如繡球狀，給人浪漫飄逸的美感，亦十分適合栽培成花樹籬笆。

蕾絲金露花

光線 水分

生性強健，耐修剪，花有白、淡紫、紫色，花小而多、花蜜豐富，也是蜜源植物。果實黃橙可愛，兼具觀果價值。

矮仙丹

光線 水分

常綠小灌木，性耐旱，全日照環境下花期長，於夏～秋季盛開，南部地區四季可以開花，橙紅色的小花密生呈球型，相當喜氣。

金英樹

光線 水分

喜全日照排水良好的環境，生長迅速且病蟲害少。花色金黃，花開不綴，夏季生長期間須充份給水，才會開花茂盛。

藍蝴蝶

光線 水分

又名花蝴蝶，於春夏季開花，花型有如蝴蝶，尤其翅膀與觸鬚唯妙唯肖故名。開花後進行矮化返回修剪，以免過於抽高而日漸稀疏。寒冬會稍有落葉休眠現象。

桂花

光線 水分

台灣氣候溫暖，很適合栽植桂花，改良品種幾乎是四季開花。環境燥熱易使新葉生長不良甚至影響開花。盛夏要特別注意給水，且應栽培於半日照或遮蔭環境。

水蓮木

光線 水分

生性強健，喜高溫乾燥環境，花形酷似迷你小蓮花，中心鮮黃，性喜陽光充足處才能開花繁盛。生長速度中等，故不可過度修剪。

四季桔

光線 水分

俗稱金桔、金棗，可全年周期性結果。開花前施加磷肥比例較高的肥料，可促進開花、結果，提高觀賞價值。

紅粉撲花

光線 水分

花期很長，花朵嬌豔柔美，非常適合庭園美化栽植。定期花後修剪，可促使開花集中盛開，增加觀賞效果。

狀元紅

光線

水分

又名：圓葉火棘，性耐旱又抗風耐寒，春季開白花、秋冬季則可賞果，其果實紅豔討喜能吸引鳥類覓食，也特別具有春、秋觀賞之價值。

月橘

光線

水分

又名：七里香，生性強健，萌芽力強，極耐修剪且常綠。揉搓葉片會有濃郁類似柑橘的芸香味道。花期夏到秋天，花白色且有香氣，果熟紅色可誘鳥。

紅毛莧

光線

水分

別名：紅尾鐵莧、狗尾紅。花期很長，春末～秋季均能開花，冬季可修剪平順，以促進枝條再生。

胡椒木

光線

水分

具有耐旱、耐風、耐貧瘠的優點，唯獨根部不耐積水，因此須使用排水良好的培養土栽培。

春不老

光線

水分

耐陰亦耐修剪又耐風。新芽、新葉都略帶紅色，夏至秋季可觀賞小花盛開。開花後結成扁球形紅色果實，極具觀賞價值。

細葉雪茄花

光線

水分

藍紫色花朵小卻數量多，全年均可開花，夏季開花最旺盛，是枝繁葉茂的良好矮籬、花叢及花壇應用植物。

茉莉花

光線

水分

生長強健易栽培，開花期施用磷鉀肥提昇開花品質。利用萌芽力強的特性，宜多修除分蘗枝芽，以促進開花集中，適合列植為綠籬。

大花扶桑

光線

水分

品種繁多，抗風耐旱，花色有紅色、粉紅色、橙色、黃色、白色，或複色鑲嵌、漸層。開花期後應即時修剪，即可促進後續開花。

杜鵑花類

光線

水分

生性強健，適合酸性土壤栽培且易維護，每年只需於花謝後的一個月內修剪，即可於翌年 3 ～ 4 月繁花盛開。

樹蘭

光線 水分

別名珠蘭、珍珠蘭。分枝多、樹冠密茂，夏～秋季開黃色或金黃色的球型小花，外觀像是小米，氣味淡雅。

鵝掌藤

光線 水分

有著圓圓鈍鈍的掌狀複葉，生命力強，耐修剪、耐旱又耐蔭，經改良後而有斑葉鵝掌藤。葉形與成串顏色鮮明的果實，都是欣賞重點。

木槿

光線 水分

花色有粉紫色、粉紅系、白系，並有單瓣、半重瓣、重瓣，花朝開暮落。若日照不足，枝條會徒長，花蕾容易提早脫落，開花不良。

醉嬌花

光線 水分

性喜全日照及溫暖的環境，耐熱但不耐潮濕。葉片質感細緻，分枝生長旺盛，可修剪造型。栽培得當，在春至秋季開花不斷。

香冠柏

光線 水分

屬於生長快速的針葉樹種，新葉為亮眼的金黃色。喜歡充足的日照及排水良好的培養土，忌諱根部積水及風大的環境。

雜交玫瑰花類

光線 水分

玫瑰的種類有許多品種，可栽培為花叢、花籬、盆花，但須費心正確的修剪與施肥，才能維持良好生長與開花。

黃槐

光線 水分

樹姿優美，常開明豔的黃色花，可周期性開花，滿枝金黃。性喜全日照，耐旱、耐熱易栽培。

白水木

光線 水分

原生於海邊，喜愛陽光充足的環境，葉片銀灰白色，顏色質感特殊，植株線條感強烈，加上生性耐強風與耐鹽，近年十分流行。

喬木植物

喬木具有明顯的主幹，而且體型高大，單植可以欣賞其樹形；列植、群植則有圍隔空間的作用。開張性較大的喬木，還能產生樹蔭，具有防塵、隔熱、防風等機能。

大花紫薇

光線　水分

生性強健，容易栽培。南部地區是 5 ～ 6 月，北部是 6 ～ 9 月。花色隨著開放程度由紫紅轉為紫色。秋末入冬時，葉片也會轉成鮮艷的紅葉。

福木

光線　水分

常綠喬木，耐旱、耐高溫，枝葉茂密且落葉甚少，極易栽植。全日照、半日照皆可，為優良的園景樹及防風、隔音樹種。

楓香

光線　水分

台灣的原生樹種，屬落葉性大喬木。掌狀葉三裂成三角形，果實球形針刺狀。樹性強健、耐乾旱，秋冬可欣賞楓紅，四季各有風情。

阿勃勒

光線　水分

初夏滿樹金黃色花成串下垂，花瓣隨風而如雨落，美不勝收，所以又稱為黃金雨。性喜高溫多濕，需要充足的日照。果熟黑色似熱狗香腸狀。

流蘇

光線　水分

落葉小喬木，樹冠展開成傘形，每年 3 ～ 4 月樹冠上盛開雪白的花朵，花瓣細長有如流蘇狀，花白如雪。耐陰、耐濕亦抗風。

珊瑚刺桐

光線　水分

落葉性喬木，樹態優美，花期 4 ～ 10 月，開花有如一長串紅色爆竹，十分喜氣，是公園、行道樹、庭院綠化的優良樹種。

日日櫻

光線　水分

又名：南洋櫻，花型有如櫻花般艷麗，四季均可天天開花，故稱為日日櫻。全株含有毒白色乳汁，要避免誤觸皮膚及誤食。

串錢柳

光線　水分

喜溫暖濕潤，常被種植在水邊。不開花時常被誤認為垂柳。除了適合庭園栽植觀花，也非常適合大型盆栽。

珊瑚樹

光線　水分

俗名：山豬肉，喜溫暖濕潤的全日照或半日照環境，耐修剪、易維管。結果成熟時紅色串串果實非常漂亮。露地栽種需充份澆水，亦為優良防火樹種。

吉野櫻

光線 水分

落葉喬木，花期3月中旬至4月初，花瓣5枚，初開為淡紅，全開漸漸轉為白色。喜全日照濕潤環境且耐寒，適合栽培於排水良好的環境。

筆筒樹

光線 水分

為樹蕨類，性喜半日照，高濕度環境下生長最快速且良好。不耐旱、不耐風，受風吹襲將使莖頂的生長點受傷、葉柄容易折斷，失去觀賞價值。

豔紫荊

光線 水分

性喜溫暖濕潤又耐熱。花開在枝條頂端，酷似嘉德麗雅蘭，花形花色有如洋蘭般美艷。若能修剪開花後枝條，即可全年開花。

蘭嶼羅漢松

光線 水分

枝葉硬挺，四季常綠，也較耐蔭蔽。適合做塑型與造型修剪，可營造穩重蒼勁的氣勢。樹型招展，有如展臂迎賓，景觀設計經常使用。

落羽松

光線 水分

樹形高大挺直，小羽葉會在冬季落葉前變成紅褐色，四季生態分明，是景觀造景最受歡迎的樹種之一。

緬梔類

光線 水分

又名雞蛋花，品種花色很多，生長快速，花期特長，株型具有南洋風味，觀賞性高，也是主流庭園樹之一。

九重葛

光線 水分

樹勢強健，喜全日照，耐旱、耐風，莖蔓依附支撐物生長，可長達十公尺以上。如陽光充足，四季都能開花繁茂、生長快速。

黃金葛

光線 水分

耐蔭、耐濕、適應性強，葉面帶有黃色斑紋，光線越強，黃斑越明顯。往上攀爬生長的莖、葉片會越大，向下懸垂的莖，葉片會漸漸變小為其特色。

蔓藤植物

蔓藤類的主莖生長點發達，頂梢生長快速，多具有纏繞性或吸壁性或懸垂性或依附性等，可藉以柔化生硬或不美觀的人工牆面、籬笆，也能反射熱氣，減少太陽眩光。

龍吐珠

光線 水分

又名：珍珠寶蓮，常於夏、秋季開花時紅色的花從白色的苞片中伸出， 宛如龍吐珠而得名。需立支柱供其攀爬，若無棚架，直接牽引至圍籬或牆上也可。

常春藤

光線 水分

枝蔓細弱而柔軟，具氣生根，可攀緣他物生長，亦可懸吊栽培，欣賞綠葉垂落姿態。高溫環境容易生長衰弱，以半日照為主。

薜荔

光線 水分

攀附力佳，藉由莖上具吸盤性的不定根抓附固著壁面，不易剝離亦無損於壁面。其生性強健，耐陰、耐旱及耐空氣污染與落塵。

毬蘭類

光線 水分

葉片質感厚而硬，品種多，葉色有綠色、紅斑、白斑或黃斑品種，耐旱、耐貧瘠，在光線明亮處可以開出如球的花序。

軟枝黃蟬

光線 水分

性喜高溫多濕，栽培於全日照生長迅速，有益於開花，夏天為盛花期。枝條柔軟不具攀緣性，適合用於棚架圍籬、籬笆或花廊。

炮仗花

光線 水分

花型呈長筒狀，花色橘紅，常於春節前後盛開，葉子周年長綠，攀爬的速度很快，常用來美化壁面、圍籬，也可搭設棚架任其攀爬，形成可遮蔭的花棚。

百香果

光線 水分

屬於蔓藤類水果，宜搭設棚架栽種，既有綠蔭又兼具採果之樂，花開奇特有如時鐘造型的花，具有賞花採果雙重價值。

地錦

光線 水分

別名爬牆虎，以吸盤吸附牆面，可快速長成大面積的綠牆，於新芽及落葉時葉色鮮紅，常可見到做為水泥牆的美化，是理想的牆面綠化植物。

蒜香藤

光線 水分

原產於熱帶地區的蒜香藤，日照愈充足，生命力愈強，一年會在春、秋季開花兩次，花具有蒜香味。常栽種於庭園籬笆、圍牆、涼亭以及棚架。

錫葉藤

光線 水分

喜高溫全日照環境，陽光越強、花開得越好，花色有白色和紫色兩種。生長速度不快，無須經常修剪即可開花繁多，維護容易。

使君子

光線 水分

生長旺盛及抗污性佳，適合做為花廊、拱門、花籬或沿著鐵窗、欄杆種植，且花形優美、花香優雅，花色由粉轉紅色，極具賞花效果。

忍冬花

光線 水分

花期5～8月，花初開為白色，再漸轉為黃色，又名金銀花。性喜全日照環境，抗風、耐旱，極易栽培。

多花紫藤

光線 水分

落葉性藤本，耐貧瘠、好栽培，4～5月盛花，花為紫色或粉、紅、黃、白等色，可成串垂下，常栽培為花棚、花架、花廊以及圍籬。

凌霄花

光線 水分

落葉性藤本，花於夏秋季開花，冬季落葉之後修剪弱小枝條，以便隔年春天萌發新枝芽，才能多形成花芽而多開花。

大鄧伯花

光線 水分

生長勢旺盛，分枝多、攀爬性強，莖枝交錯頻繁，遮蔭效果特佳。淺藍紫色花朵形似牽牛，開花期長，適合種植成花架、花廊、花棚。

荷花

光線 水分

宜全日照栽培，介質可使用肥沃壤土或黏土，需保持適當水位。花凋謝後，花托即為蓮蓬，地下莖則為蓮藕。

睡蓮

光線 水分

葉面浮貼似睡於水面上故名。宜全日照栽培，介質可使用肥沃的田土。若日照不足時會使它開花不良。

水生植物

水生植物指植物性喜生長在水域環境，其可分為沉水性、浮水性、挺水性以及浮葉性等四大類，是庭園水景重要的景觀植物，不僅可以觀葉賞花，還能搭配飼養魚類、淨化水植，增加庭園生態豐富性

黃花蓌

光線　水分

根部生長於水下的濕泥中。喜歡溫暖與充足日照。冬季如遇寒流低溫會休眠，可移至溫暖處以維持生長。

大萍

光線　水分

常見於各地池塘及溼地。生長迅速生命力強旺，很容易成片繁殖，要注意控制數量。

水金英

光線　水分

是由國外引進的園藝觀賞植物，開花時花莖挺出水面，淡雅的黃花甚為美麗，強健容易栽種。取子株或走莖即可繁殖。

龍骨瓣荇菜

光線　水分

多年生浮水葉，根莖長在水底土中，葉片會隨著水位高低升降，花期近全年，可觀賞、食用、藥用。

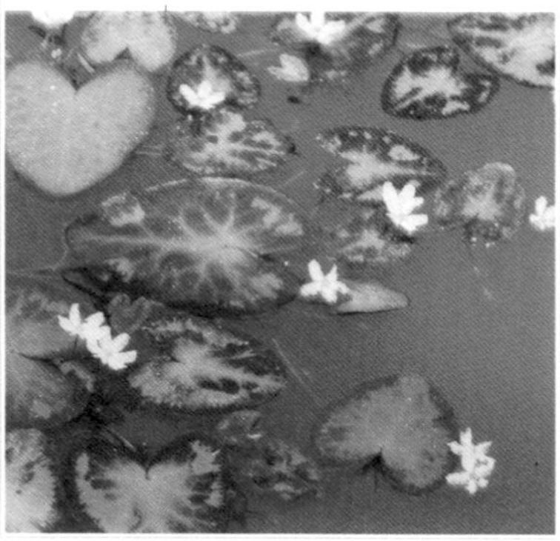

小穀精草

光線　水分

一年生的挺水或沈水植物，植株叢生，如果是盆栽，可在盆底加個水盤，使盆土常保濕潤。

銅錢草

光線　水分

喜歡溫暖潮濕、全日照環境，適合栽植於水盤、水族箱、水池。剪取地下走莖，直接植入土中，就可以迅速生根發芽。

白鷺莞

光線　水分

白鷺莞比其他的水生植物更耐寒，幾乎全年都可以持續生長，只是它不耐風，過度吹風將使植株東倒西歪、糾結雜亂而失去觀賞美感。

粉綠狐尾藻

光線　水分

多年生草本沉水或挺水水生植物。它的莖是半蔓性的，粉綠的莖葉非常討喜，能在水中生長，也能在濕地匍匐生長。

印度荇菜

光線　水分

需栽培於陽光充足的地方，否則很難開花。喜好高溫，夏季開花繁盛，冬季休眠。

球根花卉

球根植物最大的特色，是具有肥大的地下部，用來儲存養分。其分類又包括鱗莖、球莖、塊莖、塊根和根莖等。常見的球根花卉大部分屬於石蒜科、鳶尾科及百合科，花期幾乎集中於秋冬及春季。

百合花

光線 水分

有姬百合、葵百合、香水百合等種類，具有濃香，是傳統名花，象徵神聖、高貴。

孤挺花

光線 水分

是台灣最普及的球根植物，每到春天就會抽出花梗。花朵碩大豔麗，極為耀眼。

小蒼蘭

光線 水分

球根整顆埋入土中，覆土約 5 公分。12 ～ 4 月開花，開花後可移入室內聞香。

彩色海芋

光線 水分

花色有白、黃、紅色、混色等變化，株高 30 ～ 100 公分，耐旱怕溼，栽培於肥沃疏鬆的介質中。

韭蘭

光線 水分

又稱風雨蘭，常因連續雨水的滋潤便開花，粉紅色花朵小巧秀麗。

大理花

光線 水分

又名：大麗花、大理菊。喜好陽光充足、通風涼爽不悶熱的環境，花朵才會美麗盛開。

鬱金香

光線 水分

屬夏季休眠的球根花卉。花形花色繽紛有如酒杯。選購飽滿沉甸的健康球根，可採土耕或水耕。

薑荷花

光線 水分

苞片造型如荷花，夏季盛花期。土乾再澆水；冬季休眠時地上葉片會乾枯。

多肉植物

多肉植物因原生長於惡劣環境，為了能儲存多量水分及忍耐乾旱，其莖或葉便演化成膨脹肥大的肉質，形成變化豐富的莖葉形狀。栽種於庭園，應使用透氣的介質，並控制給水量。

麒麟花

光線 ☼☼☼　水分 💧

生性強健、非常耐旱，日照越充足，開花越多。冬天低溫時，有生長停頓的現象，此時需減少澆水。花色最常見的是紅色。

綠珊瑚

光線 ☼☼　水分 💧

植株上端分枝多，葉已退化為不明顯的鱗片狀，少數散生於小枝頂部。植株可達 3 公尺，枝條生長相當繁密且快速。

翡翠木

光線 ☼☼　水分 💧

葉片肥厚，濃綠而富光澤，市場上常稱發財樹。栽培以半日照～全日照為主，耐旱性很好，過度澆水容易腐爛。

沙漠玫瑰

光線 ☼☼☼　水分 💧

基部肥大，樹形古樸蒼勁，能耐酷熱。4～5 月花開最多，花色有粉紅、淡紅、豔紅，若搭配適當修剪，能促進分枝及大量開花。

唐印

光線 ☼☼　水分 💧

葉色淡綠，覆蓋厚厚的白粉。進入冬季氣溫轉低，加上若有充足的全日照，葉緣甚至是整個葉片就會轉成紅色，是其觀賞價值所在。

香草植物

香草植物的種子、果實、花、根、莖、葉，通常具有可被利用為料理、香料、美容、健康等實用功能。因食用性高、用途廣泛，很適合在庭園栽培成聞香、調味專用的廚房花園。

迷迭香

光線 ☼☼☼　水分 💧

原產地中海地區，用途廣泛，在歐洲有魔法料理香草之稱，適合搭配肉類料理。很能適應台灣的氣候，生長適溫 8～28℃。

紫蘇

光線 ☼☼☼　水分 💧💧

一年生草本植物，播種～採收約 2、3 個月，適合春季播種種植。紫蘇是日本代表性香草植物，適合作為醃漬材料。

鳳梨鼠尾草

光線 水分

葉色鮮綠，具有鳳梨的甘甜味，經常添加在香草茶中。相較於其他種類的鼠尾草，是屬於容易栽培的品種。

薄荷

光線 水分

品種眾多，葉片邊緣帶有鋸齒，適合栽種香草的初學者。具有清涼口感的薄荷腦成分，搭配茶飲及點心都很適宜。

五彩辣椒

光線 水分

喜歡溫暖乾燥、充足日照，辣椒成熟轉色即可採收，風味最好，約可採收達 3 個月之久。採收後可追肥促進後續開花結果。

檸檬百里香

光線 水分

百里香的品種眾多，檸檬百里香除了具有百里香的香氣，還帶有檸檬的香氣，可添加在茶飲中提味，或搭配魚肉、蔬食。栽培上應注意須於排水良好的環境。

芫荽

光線 水分

成長初期較為矮小，要經常摘蕊以免葉片老化。多用於去除腥羶味並可提味，是台灣飲食文化中不可或缺的素材。

甜菊

光線 水分

主要成長季節為夏季，耐暑性強，植株強壯。葉、莖具有甜味，可作為代糖使用，剪下後建議立即使用。

芸香

光線 水分

葉子翠綠，開鮮黃色花，具有欣賞價值，加上根部還會散發天然硫化物，可以驅趕害蟲。將少量芸香加入飲品或酒中可增加香氣。

西洋接骨木

光線 水分

接骨木在歐洲有大地的藥箱之稱。枝幹容易形成木質化，白色花具有香氣，夏初～冬末開花，花可沖泡成茶飲。

羽葉薰衣草

光線 水分

美麗的紫花常在冬季開花，惟無法度過台灣的溽暑。在台灣主要作為觀賞、香料使用。

超圖解！庭園造景施工大全

写真でわかる はじめての庭づくり

監　　修　園藝屋 空庵
譯　　者　謝薾鎂、謝靜玫
社　　長　張淑貞
副總編輯　許貝羚
主　　編　王斯韻
責任編輯　鄭錦屏
封面設計　WANG PEIYU
特約美編　謝薾鎂
行銷企劃　曾于珊
版權專員　吳怡萱
發 行 人　何飛鵬
事業群總經理　李淑霞
出　　版　城邦文化事業股份有限公司　麥浩斯出版
E-mail　cs@myhomelife.com.tw
地　　址　104 台北市民生東路二段 141 號 8 樓
電　　話　02-2500-7578
傳　　真　02-2500-1915
購書專線　0800-020-299
發　　行　英屬蓋曼群島商家庭傳媒股份有限公司城邦分公司
地　　址　104 台北市民生東路二段 141 號 2 樓
電　　話　02-2500-0888
讀者服務電話　0800-020-299（9:30AM~12:00PM；01:30PM~05:00PM）
讀者服務傳真　02-2517-0999
劃撥帳號　19833516
戶　　名　英屬蓋曼群島商家庭傳媒股份有限公司城邦分公司

香港發行城邦〈香港〉出版集團有限公司
地　　址　香港灣仔駱克道 193 號東超商業中心 1 樓
電　　話　852-2508-6231
傳　　真　852-2578-9337
新馬發行　城邦〈新馬〉出版集團 Cite(M) Sdn. Bhd.(458372U)
地　　址　41, Jalan Radin Anum, Bandar Baru Sri Petaling,57000 Kuala Lumpur, Malaysia.
電　　話　603-9057-8822
傳　　真　603-9057-6622

製版印刷　凱林印刷事業股份有限公司
總 經 銷　聯合發行股份有限公司
電　　話　02-2917-8022
傳　　真　02-2915-6275
版　　次　初版 1 刷 2017 年 6 月
　　　　　初版 9 刷 2024 年 3 月
定　　價　新台幣 480 元／港幣 160 元
Printed in Taiwan

國家圖書館出版品預行編目（CIP）資料

超圖解！庭園造景施工大全 / 園藝屋 空庵監修；
謝薾鎂，謝靜玫譯. -- 初版. -- 臺北市：麥浩斯出版：
家庭傳媒城邦分公司發行，2017.06
　面；　公分
譯自：写真でわかる はじめての庭づくり
ISBN 978-986-408-252-0（平裝）

1. 庭園設計 2. 造園設計

435.72　　106000532

《写真でわかる はじめての庭づくり》

- 插圖 ———— 加藤佳菜子（園藝屋 空庵）、竹口睦郁
- 攝影 ———— 小形又男、平野時義
- 相片協力 ———— ARS PHOTO PLANNING
- 攝影協力 ———— （株）成樹苑、（有）印南工務店、趣味工房「DO 樂」、TOSTEM VIVA(株)、(株)HYPONeX JAPAN、住友化學園藝（株）、Softsilica（株）、生活害蟲防除劑協議會、學校法人山脇美術専門學院
- 編輯協力 ———— 帆風社
- 設計 ———— 志岐設計事務所（黑田陽子）